昆 虫 记

（法）法布尔（Fabre,J.H.）/ 著 李菲 / 编译

内蒙古出版集团

内蒙古文化出版社

图书在版编目（CIP）数据

昆虫记/（法）法布尔（Fabre,J.H.）著；李菲编译. —呼伦贝尔：内蒙古文化出版社，2012.4

ISBN 978-7-5521-0032-7

Ⅰ．①昆…　　Ⅱ．①法…　②李…　　Ⅲ．①昆虫学—青年读物　②昆虫学—少年读物　　Ⅳ．①Q96-49

中国版本图书馆CIP数据核字（2012）第077652号

昆虫记

（法）法布尔（Fabre,J.H.）著

责任编辑：丁永才

出版发行：内蒙古文化出版社
地　　址：呼伦贝尔市海拉尔区河东新春街4付3号
直销热线：0470-8241422　　**邮编：**021008

印　　刷：三河市同力彩印有限公司
开　　本：787mm×1092mm　　1/16
字　　数：200千
印　　张：10
版　　次：2012年10月第1版
印　　次：2021年6月第2次印刷
印　　数：5001-6000
书　　号：ISBN 978-7-5521-0032-7
定　　价：35.80元

版权所有　侵权必究

如出现印装质量问题，请与我社联系　联系电话：0470-8241422

阅读说明书

　　《昆虫记》是一部卷帙浩繁的巨著，它不但在自然科学史上占有重要地位，而且具有很高的文学价值，是法国文学史上一部优秀的传世之作。法布尔以毕生精力观察了昆虫的生活和为生活以及繁衍种族进行的斗争并把观察所得记成了详细的笔记，然后编成了《昆虫记》。它分成十大册，每册有若干章节，每章详细讲了一种或几种昆虫的生活情况：蜘蛛、蜜蜂、螳螂、蝎子、蝉、甲虫、蟋蟀等应有尽有。法布尔写作本书的目的之一就是要

展现出昆虫的本能。虽然达尔文夸奖法布尔是"无与伦比的观察家"，但是他没有因此改变自己的学术观点。法布尔认为，昆虫求生存的艰苦奋斗，是昆虫本身生理构造形成的条件，是本能和直觉的表现，而不是为了适应客观环境逐步变形而成的结果。在《祖传影响》这篇自传性的论文中，法布尔充分说明了自己对昆虫学研究的热情与智慧，这完全是他本人的天性，与祖传影响毫无关系。他借此彻底反对达尔文的变形论与适应论。《祖传影响》一文的最后一句是惊人的结论："本能就是天才。"

　　《昆虫记》深受欢迎，除了学术方面的原因，还有就是它的艺术性。它是以朴实优美又清晰准确的散文写成的，把昆虫的生活描写得具体生动，充满了对昆虫和生命的热爱，非常具有感染力。

法布尔（1823－1915）出生在法国南方阿韦龙省撒·雷旺村一个农民家中，家境贫寒。法布尔16岁那年考取了沃克吕兹省的亚威农师范学校，后来通过自学取得双学士学位和博士学位。从亚威农师范学校毕业后，他到同省的卡尔班托拉小学教书，从此开始了二十多年的教师生涯。开始他教的是数学，一次，他带学生上户外几何课时，忽然在石块下发现了垒筑蜂和蜂巢，童年时贮藏在心里的对大自然尤其是对昆虫的热爱被激发了出来。他花了一个月的工资买了一本昆虫学著作，细读之后，一股不可抑制的强大动力萌生了，他立志要做一个为昆虫写历史的人。从此他一边教书，一边坚持业余观察和研究。在他31岁那年，因为两篇优秀的论文——《关于兰科植物节结的研究》和《关于再生器官的解剖学研究及多足纲动物发育的研究》，法布尔获得了自然科学博士学位。但由于世俗对他自学成才的偏见，他一辈子都没有实现到大学教书的愿望。1875年，法布尔决定离开城市，来到乡村加紧整理材料和开展新研究领域的工作。1879年，法布尔的巨著《昆虫记》第一卷出版，直到他去世十年左右，十卷精装的《昆虫记》才出齐。

昆虫记
Kun chong ji

目 录

昆虫记
Kun chong ji

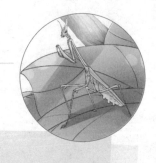

目 录

我的工作和工作场所

名家导读

作者是如何爱上小动物的呢？作者通过回忆自己的童年往事，给出了答案。为了自己的"理想"，作者建立了属于自己的"工作场所"。这个工作场所看上去虽然只是一个"荒石园"，但就是在这个简单的工作场所，作者观察到了许许多多的自然现象。并因此走上了研究昆虫的道路。

我们都有自己的才能和特具的禀性。有的时候，这种禀性，看来好像是从我们祖先那儿遗传下来的，但多数很难追寻它们确实的来源。

譬如，偶尔有个牧童，玩着小石子，加加减减，以后他竟成为惊人的速算家，最后，也许成为数学教授。另外有个孩子，一般儿童在他那样年龄的时候，还只注意玩儿哩，然而他离开正在游戏的同学，去倾听一种幻想的乐声，这是他独自听到的一种神秘的合奏。他是有音乐天分的。第三个孩子，太小了，也许他吃面包和果酱，还不能不涂到脸上，但是他却非常喜欢把黏土捏成小小的模型，居然还能十分生动。假使他的运气好，将来有一天就会成为著名的雕塑家。

我知道，说自己的事，是顶讨厌的，但是你们还是让我来谈谈吧，以便介绍一下我自己和我的研究工作。

从我最早的孩童时代起，自然界的事物已经很吸引我的注意。

假使认为我喜欢观察植物与昆虫的天性是从我的祖先遗传下来的，那简直是笑话，因为他们是没有受过教育的乡下人，除了注意他们自己的牛羊

以外，一无所知。我的祖父辈，只有一个翻过书本，就连对字母的拼法他都很没有把握。至于说我曾有过科学训练，那更谈不到。没有先生，没有指导者，并且时常没有书。不过我还是朝着我的目标走去：想在昆虫学上增加一些篇幅。

回忆过去，在很多年前，那时我还是个极小的孩子，刚刚学认字母，然而对于这种初次学习的勇气与决心，非常的骄傲。记得最清楚的，却是我第一次找寻到鸟窠和第一次采集到蕈菌的那种快乐的心情。

记得有一天，我去爬山，在这山顶上，有一排树林很早就引起我浓厚的兴趣。从我家的小窗里，可以看见它们朝天耸立着，在风前摇摆，在雪里扭腰，我老早就想跑到它的跟前去看个仔细。这一次的爬山，时间很长久，因为草坡峻峭得同屋顶一样。我的腿又很短，所以我爬得很缓慢。

忽然在我的脚下，有一只可爱的小鸟，从大石下它的藏身之处飞起来。不一会儿，我就找到了它的窠，那是细草与毛做的，里面还排列着六个蛋，具有美丽的纯蓝色，光亮异常。这是我第一次找到的鸟窠，也是小鸟们带给我许多快乐中的第一次。我欢喜极了，于是躲在草地上，目不转睛地看着它。

这时候，母鸟很不安地在石上乱飞，"塔克！塔克！"地叫着，表现一种非常焦急的声音。我当时年纪太小，还不能懂得它为什么痛苦，我于是订下一个计划——这真像一头小猛兽的打算，预备先带走一只小蓝蛋，做我的纪念品，两星期后再来，趁这些小鸟还不能飞时，将它们拿走。我把蓝蛋放在青苔上，很小心地走回家去，路上恰巧遇见一个牧师。

他说："呵！一个'萨克锡柯拉'的蛋！你从哪里拿来的？"我告诉他整个的经过，并且说："其余的那些，我想等它们孵出来，刚长出嫩毛的时候再拿走。"

从这一次谈话中，我晓得了鸟与兽同我们一样，是各有名字

阅读理解
作者从小就有非常明确的人生目标。我们也应该从小树立自己的人生目标。这样我们的学习才不会盲目。

的。于是我自己问自己："我那许多生长在树林里、草原上的朋友们，都是叫什么名字呢？'萨克锡柯拉'的意思是什么呢？"几年以后，我才晓得"萨克锡柯拉"的意思是岩石中的居住者，那有蓝色蛋的鸟名叫石鸟。

沿着我们的村庄，有一条小河流过，河的对岸，有一座山毛榉树林，光滑笔直的树干，像柱子一样。地上铺满了青苔。在这片树林里，我第一次采集到蕈菌。它的形状，偶然看去，好像迷途的母鸡生在青苔上的蛋。还有许多别的种类，大小、样式和颜色都不同。有些形状像铃铛，有些像熄灯用的罩子，有些像茶杯；有些是破裂的，并且流出奶汁样的泪水；有些当我踏过的时候，变成蓝色的了。还有一种最稀奇的，像梨一样，顶上有一个圆孔，大概是一种烟筒吧？我用指头在下面一戳，就有一股烟从烟筒里喷出来，我装满了一袋子，高兴时就弄它们出

烟，直到最后缩成火绒的样子。

　　以后我又到这个有趣的树林里去了好几次，在乌鸦队里，研究蕈菌学的初步功课。这种采集，在家里是办不到的。在这种观察自然与做实验的方法之下，我的所有功课，除掉两门以外，差不多都学习过了。从别人那里，只学过两门科学性质的功课，而且在我一生中，也只有此两门：一种是解剖学，一种是化学。

　　第一种我得益于造诣很深的自然科学家摩金坦东，他教我如何在盛水的盆中察看蜗牛的内部。这个功课的时间很短，但是得到益处很多。我初次学习化学时，运气比较差。实验的结果，玻璃瓶爆裂，多数同学受了伤，有一个人眼睛险些瞎了，教员的衣服烧成了碎片，教室的墙上粘上了许多斑点。后来，我重回到这间教室去时，已经不是学生而是教员了，墙上的斑点还留在那里。这一次，我至少学到了一件事，就是以后我每做这一类实验时，总是把我的学生们隔开得远一点。

　　我有个最大的愿望，就是想在野外有个实验室。当一个人处在为每天的面包问题而焦虑的生活状况下，这真是一件不容易办到的事情！我差不多四十年来都有这种梦想——一块小小的土地，四面围起，冷僻、荒芜，日光暴晒着，生满蓟草，而且特别为黄蜂和蜜蜂所喜爱。在这里，没有烦扰，我可以与我的朋友们——猎蜂等，用一种难解的语言相问答，这当中包含了不少的观察与实验。这里没有漫长的旅行和远足来消耗我的时间与精力，我就可以时时留心我的昆虫们了。

　　最后我的希望达到了。在一个小村落的幽静之处，得到一块小小的土地。这是一块"哈麻司"——我们给布罗温司的人为一种不能耕种而且多石子的地方起的名字。那里除了一些百里香，其他植物很难生长。如果要花费耕耘的工夫，实在又不值得。不过春天却有些羊群从那里走过，碰巧下点雨，也可以生长一些小草。

　　然而，这块土地上却有少量掺着石子的红土，是曾经粗粗地

阅读理解
语言非常流畅，娓娓道来，像抒情散文一样。

耕种过的。有人告诉我说，这里生长过葡萄，于是我真有几分懊恼，因为地上原始的植物已被三角叉弄掉了。我去的时候已经没有百里香、欧薄荷或一丛矮栎留存其间。百里香和欧薄荷对于我也许有用，因为可以做黄蜂与蜜蜂的猎场，所以我不得已又把它们重新种植起来。

杂草多极了：偃卧草、刺桐花以及西班牙的婆罗门参——那是长满了橙黄色花并且有硬爪般的花序的。在这些上面，盖着一层伊利里亚的棉蓟，它的孑然直立的枝干，有时长到6尺高，而且末梢还有大型的粉红球；小蓟也有，武装齐备，使得采集植物的人不知从哪里下手摘取。在它们当中，穗形的矢车菊，长好了一排排的钩子，悬钩子的嫩牙爬满地上。假使你不穿上高筒皮靴，来到这多刺的丛林里，你就要自食粗心的报应。

阅读理解
作者用幽默的语言详细介绍了园子里的杂草，活泼有趣，让人在阅读中获得轻松的感受。

这就是我四十年来拼命奋斗所得的乐园呵！

我这个稀奇而冷落的乐园，正是无数蜜蜂与黄蜂的快乐的猎场，我从来没有看见过这么多的昆虫密集在一处。各种生意都以这里做中心，来了猎取各种野味的猎人、泥土匠、纺织工人、切叶的、制造纸板的，也有石膏工人在拌和泥灰，木匠在钻木头，矿工在掘地下隧道，及牛的大肠膜工人，各种各样的都有。

看呵！这里是一个缝纫的蜜蜂，它剥下开着黄花的刺桐的网状干，采集了一团填充物，很骄傲地用它的嘴巴带走了。它准备到地下，做一个棉袋，用来储藏蜜和卵。那里是一群切叶蜂，在它们身体的下面，各带有黑色的、白色的，或者血红色的刈割用的毛刷。它们打算到邻近的小树林中，将树叶子割成椭圆形的小片，包裹它们的收获品。这里又是一群穿着黑丝绒衣的泥水匠蜂，它们是做水泥与沙石工作的。在我的哈麻司里，我们很容易在石头上找到它们石工物的标本。

另外，还有一种野蜂，它把窠藏在空蜗牛壳的盘梯里。另外一种，把它的蛴螬安置在干燥而布满荆棘的干子的木髓里。第三

种，利用干芦苇的沟道做它的家。至于第四种，住在泥水匠蜂的空隧道中，连租金也不出。还有些蜜蜂生着角，有些蜜蜂后腿生着刷子，这些都是用来收割的。

我的哈麻司的墙壁建筑好了，成堆的石子与细沙到处皆是，那是建筑工人们遗弃下来的，但是不久就给各式各样的住户占据了。泥水匠蜂拣选了石头的罅缝，做它们睡眠的地方。凶悍的蜥蜴，当它被惹急了的时候，无论对于人或狗，都会不客气地进攻，选择了一个洞穴，伏在那里等待路过的蜣螂。黑耳毛的鹛鸟，穿着黑白相间的衣裳，看起来好像黑衣僧，坐在石头顶上唱着简单的歌曲。藏有天蓝色小蛋的窠，一定在石堆的某一处吧？石头移走的时候，那小黑衣僧也搬走了。我对它很惋惜，因为它是个可爱的邻居。至于那个蜥蜴，我倒全不在乎。

沙土堆里，隐藏了掘地蜂与猎蜂的群落。遗憾得很，后来被建筑工人无辜地驱逐了，但是仍然有猎户们留着，它们有的寻找小毛虫，非常之忙，另一种很大的黄蜂，竟有勇气去捕捉毒蜘蛛。这些厉害的蜘蛛，多数住在哈麻司的地面上，而且你可以看到它们的眼睛在洞底炯炯发光，好像小金刚钻一样。暑天的下午，你更可以看见阿美松蚂蚁，出了兵营，排成长队，开向战场，去猎取俘虏。

此外还有屋子附近的树林里，集满了鸟雀，有唱歌鸟、绿莺、麻雀，也有猫头鹰。而小池中住满了青蛙，在五月里，它们就组成震耳欲聋的乐队。黄蜂是最勇敢的，它自动地占有了我的屋子。在我门口，白腰蜂居住下来，当我进门的时候，我必须很当心，不然就会践踏了它们，破坏了它们的开矿工作。在关着的窗户里，泥水匠蜂在软沙石的墙上，做成了土巢。它们利用窗户板上偶然留下的小孔，做进出的门户。在百叶窗的边线上，少数迷了路的泥水匠蜂建筑起蜂窠。午饭时候，黄蜂与芦蜂翩然来访，它们的目的，很明显地是来看看我的葡萄成熟没有。

这些都是我的伴侣。我的亲爱的小动物们，我从前的老朋友和现在许多新认识的朋友们，都在这里打猎、建筑、养活它们的家庭。同时，假使我想移动一下，大山靠我很近，有的是野草莓树、岩蔷薇、石楠植物，黄蜂与蜜蜂都是喜欢聚集在那里的。有这许多理由，所以我放弃城市来到乡村，到西里南来干给芜菁除杂草和灌溉莴苣的工作。

 名家点拨

　　多种修辞手法的应用让文中的动物和植物更加形象生动了。作者巧妙的思维和娴熟的行文手法，让看上去十分枯燥的昆虫世界变得生动活泼，引人入胜。同学们，你的阅读兴趣来了吗？继续读下去吧！更多好看的昆虫故事马上就要上演了。

谁是滚粪球的高手

名家导读

蜣螂，俗名屎壳郎，以牲畜粪便为食。蜣螂有着非常的存在意义，它不仅对生态环境有影响，而且也深刻地影响着人类的思想文化意识。如，在古埃及人看来，蜣螂是一种神圣的动物，一度被称为"圣甲虫"。法布尔对这种昆虫也是情有独钟，他一生研究了很多种蜣螂。

一.圆 球

人们第一次谈到蜣螂，还是六七千年以前的事。古代埃及的农民，在春天灌溉洋葱田的时候，常常看见一种肥黑的昆虫，从身边经过，忙碌地向后推滚着一个圆球。他们当然很惊异地注意这个奇怪的旋转物，像今天布罗温司的农民一样。

古埃及人想象这个圆球是地球的象征，蜣螂的动作是受了天空星球运转的启发。他们以为甲虫具有这么多天文学知识是很神圣的，所以他们叫它"神圣的甲虫"。同时他们又以为，甲虫抛在地上滚的球体，里面装的是卵子，小甲虫就是从那里出来的。但是事实上，这只是它的食物储藏室而已。

里面并不是好吃的东西。因为甲虫的工作，是从地面上收集污物，这个球就是它把路上与野外的垃圾，很仔细地搓卷起来的。

做成这个球的方法是这样的：在蜣螂扁阔的头的前边，嵌有六只牙齿，排列成半圆形，像一种弯形的钉耙，可以用来挖掘和切割，抛开它所不要的东西，收集起它所中意的食物。它的弓形的前腿也是很有用的工具，因为它们非常地强壮，而且在外端还长有五个锯齿。所以，如果需要很大的力量，去搬动一些障碍物，甲虫就利用它的膀臂，左右舞动着有齿的臂，用力地扫清一块小小的面积。它把耙集的材料堆集成为一抱，推送到四只后腿之间。这些腿长而且细，特别是最后的一对，形状略弯，顶端还有尖爪。甲虫再用后腿将材料压在身体下面搓动、旋转，来回地滚，直到最后成为一个圆球。一会儿，一粒小丸滚成核桃那么大，不久又扩大到如苹果一样。我曾见过有些贪吃的，甚至把这个球做到拳头大小。

食物的圆球做成后，必须搬到适当的地方去。于是甲虫就开始旅行了。它用后腿抓紧了这个球，再用前腿行走，头向下俯着，臀部举起，向后退走。它把堆在后面的物件，左右轮流地向后推动。谁都以为它要拣一条平坦，或不很倾斜的路走。但并非如此！它走近险陡得简直不可能攀登的斜坡，而这固执的东西，偏要走这条路。这个球非常之重，一步一步艰苦地推上，万分留心，但到了相当的高度，仍不免后退。只要稍微不小心，就会前功尽弃：球滚落下去，把甲虫也拖下来。再爬上去，结果再掉下来。它这样一回又一回地向上爬，只要出一点小事故，就什么都完了。一枝草根能把它绊倒，一块滑石会使它失足，连球带虫一齐跌下来，搅在一起。有时经一二十次地再接再厉，才得到最后的成功。有时看到自己的努力已成绝望，才肯跑回去另找平坦的路。

有的时候，蜣螂好像是在同一个朋友合作，这种事情是常常遇到的。当一个甲虫的球已经做成，它离开一起工作的伙伴们，把收获品向后推动。一个将要开始工作的邻居，忽然抛下工作，跑到滚动的球这边来，助球主人一臂之力。它的帮助按说应当被

阅读理解
一连串动词的使用，把蜣螂滚粪球的动作和神态淋漓尽致地表现出来了。

欣然接受。但它并不是真正的伙伴，而是一个强盗。它知道自己做成圆球需要一段艰苦耐心的工作，而偷窃一个已经做成的，或者到邻居家去吃顿现成的饭，那就容易多了。有的甲虫贼，用很狡猾的手段，有的简直施用武力。

有时候，一个盗贼从上面飞来，猛将球主人击倒，自己蹲在球上，前腿交叉在胸前，静待抢夺的事情发生，预备相打。如果球主人起来抢球，这个强盗就给它一拳，把它打得四脚朝天。于是主人又爬起来，推摇这个球，球滚动了，强盗也许因此滚落。那么，接着就是一场角力比赛。两个甲虫互相扯扭着，腿与腿相绞，关节与关节相缠，它们角质的甲壳互相冲撞、摩擦，发出金属相锉的声音。胜利者爬到球顶上，失败的，被驱逐几回后，只有跑开去重新做自己的小弹丸。有几回，我看见第三个甲虫出现，向强盗抢劫这个球。

但也有时候，做贼的还会利用狡猾的手段。它假装帮助主人搬运食物，经过生满百里香的沙地，经过有深车轮印的和险峻的地方，但是实际上它用的力很少，只是坐在球顶上不做什么事，到了适宜于收藏的地点，主人就开始用它边缘锐利的头和有齿的腿向下开掘，将沙土抛向后方，而这时那贼却抱住那球装死。土穴愈掘愈深，工作的甲虫陷下去看不见了。即使有时它到地面上来观望一下，看见球旁睡着的甲虫安稳不动，也就很放心了。但是主人离开的时间久些，那贼就乘这个机会，很快地将球推走，跑得同小偷怕被人捉住一样快。假使主人追上了它——这也是常有的事，它就赶快变更位置，好像是球因故向斜坡滚下去了，它仅仅是想阻止住它。于是两个又将球搬回，若无其事一样。

假使那贼安然逃走了，主人失去了艰苦做起来的东西，只有自认晦气。它揩揩颊部，吸点空气飞去，重新另做圆球。

最后，它的食品终于平安地储藏好了。储藏室位置在软土上掘成的浅穴里，面积有拳头大小，有短道通到地面，宽度恰好可以容一个球。食物一推进去，它就用一些废物堵塞住门口，把自己

关在里面。圆球几乎塞满一屋子，山珍海味从地板上一直堆到天花板。在食物与墙壁之间留下一个很窄的小道，这些山珍海味的主人就坐在这里，数目至多两个，通常只是一个。神圣的甲虫就在里面昼夜宴饮，差不多一星期或两星期，没有一刻的间断。

二·梨

阅读理解
可见作者的写作是建立在自己观察的基础之上的。

我已经说过，古代埃及人以为神圣甲虫的卵，是在我刚才叙述的圆球当中的。这个我已经证明不是如此。关于甲虫卵的真实情形，有一天碰巧被我发现了。

有个牧羊的小孩子，他在空闲的时候常来帮助我。有一次，在六月里的一个星期日，他到我这里来，手里拿了一个奇怪的东西。看起来极像一只小梨，已经失掉新鲜的颜色，因腐朽变成褐色。虽然并不是精选的原料，但摸上去很坚固，样子很好看。他告诉我，这里面一定有一个卵，因为有一个同样的梨，掘地时偶然弄碎，里面藏有一颗麦粒大小的白卵。

第二天早晨，天色才亮，我就同他一起出去考察这件事。我们在新砍伐了树木的山坡上正在吃草的羊群中会合。

不久就找到了一个神圣甲虫的地穴，这从积在上面的一堆新鲜泥土就可以认出来。我的同伴用我的小刀铲向地下拼命地掘，我就伏在地上，这样使我对于掘出的东西可以看得清楚些。洞穴掘开以后，我在潮湿的泥土里发现了一个精致的梨。我真是不会忘记我第一次所看见的母甲虫的奇异的工作。我发现那如同翡翠雕成的甲虫时的兴奋即便挖掘古代埃及遗物的时候，也不过如此吧。

我们继续搜寻，于是又发现第二个土穴。母甲虫在梨的旁边，而且拥抱得很紧，这当然是在它永离地穴以前的一种结束工作，用不着怀疑，这个梨就是蜣螂的窠。在这一个夏季，我至少发现了一百个这样的窠。

梨像球一样，也是用人们弃在原野的废物做的，只是原料比较精细些，因为是用来给蛴螬当食物的。它刚从卵里孵出来，还不能自己寻找食物，所以母亲将它包在最适宜的食物中，使它可以毫不费事地吃起来。

阅读理解
所有的母爱都是一样感人的，昆虫的母爱也是如此。

卵是放在梨的较狭窄的一端。每个有生命的种子，无论植物或动物，都需要空气，就是鸟蛋的壳上也布着无数的小孔。如果蛴螬的卵是在梨的最厚的部分，它就要闷死了，因为这里的材料粘得很紧，还包有硬壳，所以母甲虫在一开始就预备下一间精致透气的小室，薄薄的墙壁，给它的小蛴螬居住。最初的时候，甚至在梨子的中央，也有少许空气，不过不够供给柔弱的小蛴螬之用。到了它向中央去吃的时候，已经很强壮，对于稀薄的空气已经能适应了。

梨子大的一头包上硬壳当然也是很有道理的。蛴螬的地穴是极热的，有时候温度竟达沸点。这种食物，即使只经过三四个星期，也容易干燥，变得不能吃。如果第一餐不是柔软的食物，而是石子一般硬得可怕的东西，这可怜的幼虫就没有东西吃，非饿死不可。在八月的时候，我就找到了许多这样的牺牲者，这些可怜的东西烤在一个封闭的炉内。要减少这种危险，母甲虫就拼命用它强健而肥胖的前臂，压那梨子的外层，扩它压成保护用的硬皮，如同坚果的硬壳，用来抵抗外面的热度。酷热的暑天，主妇往往把面包放在紧闭的锅子里，保持它的新鲜，昆虫也同样有它自己的方法，实现同样的企图：用压力打成锅子来保藏家族的面包。

我曾经观察过甲虫在窠里工作，所以我知道它怎样做梨形的窠。

它带着收集来的建筑材料，把自己关闭在地下，一心一意从事当前的工作。材料大概是由两种方法得来的。照常例，在天然

环境之下，用常法搓成一个球推向适当的地点。随着向前推进，表面也随着稍变坚硬，并且粘上一些泥土和细沙，这在后来是很有用的。不久在距离收集建筑材料较近的地方，寻到可以储藏的场所，在这种情形之下，它的工作不过是捆扎材料，运进洞穴而已。后来的工作，就更稀奇了。有一天，我看见一块不成形的材料藏没到地穴中去了。第二天，我到它的工作场时，发现这位艺术家正在工作。那块不成形的材料已被改造成为一个梨，外形完整，而且很精致。

紧贴着地面的部分，已经敷上沙粒，其余的部分，也已磨光如玻璃，这表明它还不曾把梨子细细地滚过，不过已塑成形状罢了。它塑造时，是用大足轻击，如同先前在日光下塑造圆球一样。我在自己的工作场里，用大口玻璃瓶装满泥土，替母甲虫做成人工的地穴，并留一孔以便观察它的动作，这样，我可以看到它工作的程序。

甲虫开始是做一个完整的球，然后环绕着梨做成一道圆环，施以压力，直至把圆环压成沟槽，做成颈部。这样，球的一端就做出一个凸起。在凸起的中央，再加压力，做成一个好似火山口的凹穴，边缘很厚；到凹穴渐深，边缘也渐薄，最后形成一个袋。包袋内部磨光以后，卵就产在这里面。包袋的口上——梨的尾端，再用一束纤维塞住。用这样粗糙的塞子封口是有理由的；甲虫对其他的部分都用腿重重地拍过，只有这里不拍。因为卵的尾端朝着封口，假使塞子重压深入，蛴螬就会感到痛苦。所以甲虫把口塞住，却不把塞子撞下去。

三 甲虫的成长

卵产在里面约一星期或十天之后，就孵化为蛴螬。蛴螬孵化出来后立刻开始吃四围的墙壁。它聪明异常，总是由厚的部分吃

阅读理解

其实正如作者所写的一样，只要我们仔细观察一下它的"杰作"，就会明白甲虫无愧于"艺术家"的称号。

起，以免弄成小孔，自己从梨里掉出来。不久它即变得很肥胖，形状臃肿，背上隆起，皮肤透明，如果你把它拿起对着光亮看，能看见它的内部器官。古代埃及人若是曾看见过这未曾发育的肥胖的蛴螬，绝想象不到它将来会变成一个庄严美丽的甲虫。

第一次蜕皮时，这个小昆虫还未完全长成为甲虫，虽然甲虫的形状，已经能辨认出来了。很少有其他的昆虫比这个玲珑的小动物更美丽，翼盘在中央，像折叠起的阔领带，前腿位于头部之下，半透明并且色黄如蜜，看来真如琥珀雕成一般。这个状态保持差不多有四个星期之久，此后，又蜕一层皮。

这时候颜色是红白色。在变成檀木的黑色前，它还要换好几回衣服。以后颜色渐黑，硬度渐强，直到披上了角质的甲胄，才成为一个发育完整的甲虫。

这期间，它是在地底下梨形的窠里。它很渴望冲开硬壳包裹的监牢，跑到日光之下。但它能否成功，还要看环境。

它准备解放出来的时期，通常是在八月里。八月的天气，照例是一年之中最干燥而且是最炎

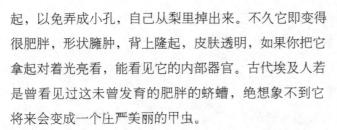

美绘版

热的。所以，如果没有雨水来使泥土松软，要想冲开硬壳，打破墙壁，单靠这个昆虫的力量，是办不到的，它没有办法打破这坚固的壁。因为在这种天气里，最柔软的材料，也会变成一种不能通过的坚壁；烘在夏天的炉里，已成为硬砖头了。

我也曾做过这样的实验。我拿几个干硬的壳放在一个盒子里，保持干燥，或早或迟，常听见每一个壳里有一种尖锐的摩擦声，这是囚徒用它们头上与前足的耙在那里刮墙壁。过了两三天，似乎并没有什么进展。

我于是给它们中的一对施加一些助力，用小刀戳开一个墙眼，但是这两个小动物也并没有比其余的更进步些。

不到两星期，所有的壳内都沉寂了。这些用尽力量的囚徒，已经死了。

于是我又拿一些别的壳，同以前的一样硬，用湿布裹起来，放在瓶里，用木塞塞好，等湿气浸透，再将裹的湿布拿开，重新放在瓶子里。这一次实验完全成功，壳被潮湿浸软后，就被囚徒冲破了。它勇敢地用腿支持身体，把背部用做一条杠杆，认定一点顶撞，直到墙壁破裂成为碎片。在每次这样的实验里，甲虫都能解放出来。

阅读理解
一系列动词的使用使得甲虫成虫的过程更生动更形象了。

在天然环境之下，这些壳在地下的时候，情形也是一样的。当土壤被八月太阳烤干，硬得像砖块，这些昆虫要逃出牢狱，就不可能。但偶尔下过一阵雨，硬壳回复从前的松软，它们再用腿挣扎，用背推撞，就可以得到自由。

刚出来，它不关心食物。最需要的，是享受日光，跑到阳光下，纹丝不动地在取暖。

一会儿，它要吃了，不必教它就会做了。像它的先辈一样，它去做一个食物球，也去掘一个储藏所，储藏食物，一点不用学习，它完全会做它的工作。

名家点拨

在人们心目中，蜣螂是一种臭不可闻的无用的昆虫。然而在作者的眼里，蜣螂却成了"出淤泥而不染"的"君子"。他们不仅有超强的滚粪球的绝活儿，而且还有超强的消化能力。在作者看来，正是因为有了蜣螂，才有了干净的大自然。这样的说法表面上看虽然有点牵强，但却从另一个角度向我们证实了蜣螂对大自然所做出的特殊的"贡献"。

蝉和蚁的寓言

名家导读

"蝉和蚁"的寓言故事自古相传，妇孺皆知，然而事实的真相到底是怎么样的呢？究竟是蝉比较懒惰，还是蚂蚁比较贪婪？读了下面这篇短文，相信真相就会大白！

我们大多数对于蝉的歌声，总是不大熟悉，因为它是住在生有洋橄榄树的地方，但是曾读过拉·封丹寓言的人，大概都记得蝉曾受过蚂蚁的斥责吧，虽然拉·封丹并不是谈到这个故事的第一人。

故事上说：整个夏天，蝉不做一点事，只是终日唱歌，而蚂蚁则忙于储藏食物。冬天来了，蝉为饥饿所驱，只好跑到它的邻居那里借一些粮食。结果它遭受了难堪的待遇。

勤俭的蚂蚁问道："你夏天为什么不收集一点食物呢？"蝉回答道："夏天我唱歌太忙了。"

"你还唱歌吗？"蚂蚁不客气地回答，"好啊，那么你现在可以跳舞了。"它转身不理它了。

这个寓言中的昆虫，并不一定是蝉，拉·封丹所想的恐怕是螽斯，而英文常常把螽斯译为蝉。

就是在我们村庄里，也没有一个农民会如此无常识地认为冬天会有蝉存在。差不多每个农民，都熟悉这种昆虫的蛴螬，天气渐冷的时候，他堆起洋橄榄树根的泥土，随时可以掘出这些蛴螬。至少有千次以上，他曾见过这种蛴螬穿过它自造的圆孔，从土穴中爬出，紧紧握住树枝，背上裂开，蜕去它的皮，变成一只蝉。

这个寓言是诽谤。蝉确实需要邻居们很多的照应，但它并不是个乞丐，每到夏天，它成群地来到我的门外，在两棵高大筱悬木的绿阴中，从日出到日落，刺耳的乐声吵得我头脑昏昏。这种震耳欲聋的合奏，这种无休无止的鼓噪，简直使人无法思索。有的时候，蝉与蚁也确实打交道，但是它们与前面寓言中所说的恰恰相反。蝉并不靠别人生活，它从不到蚂蚁门前去求食，相反地，倒是蚂蚁为饥饿所驱，乞求于这位歌唱家。我不是说乞求吗？这句话，并不确切，它是厚着脸皮去抢劫。

阅读理解
作者很明确地提出了自己的观点——蝉并不是寓言中的"乞丐"。

七月里，当我们这里的昆虫，为口渴所苦，失望地在已经萎谢的花上，跑来跑去寻找饮料时，蝉却依然很舒服，不觉痛苦。它用生在胸前的突出的嘴——一个精巧而尖利如锥子的吸管，来刺饮取之不竭的圆桶。它坐在树的枝头，不停地唱歌，只要钻通坚固平滑的树皮，里面有的是汁液，吸管插进桶孔，它就可以畅饮一气。如果稍微等一下，我们也许就可以看到它遭受意外的烦扰。因为邻近有很多口渴的昆虫，立刻发现了蝉的井里流出浆汁，它们起初是安静小心地跑去舐食。这些昆虫大都是黄蜂、苍蝇、玫瑰虫等，而最多的却是蚂蚁。

身材小的昆虫为了要到达这个井，就偷偷从蝉的身底爬过，蝉却很大方地抬起身子，让它们过去，大的昆虫，抢到一口，就赶紧跑开，走到邻近的枝头，当它再回转头来，胆量比开始忽然大起来，一变而为强盗，想把蝉从井边驱逐掉。

顶坏的罪犯，要算蚂蚁。我曾见过它们咬紧蝉的腿尖，拖住它的翅膀，爬上它的后背，甚至有一次一个凶悍的强徒，竟当我的面，抓住蝉的吸管，想把它拉掉。

最后，麻烦越来越多，这位歌唱家忍无可忍，不得已抛开自己所做的井，悄悄地溜走。于是蚂蚁的目的达到了，占有了这个井。这个井干得很快。但是当它喝尽了里面所有的浆汁以后，继续等待机会去抢劫别的井，以图第二次的痛饮。你看，真正的事实，不是与那个寓言正相反吗？蚂蚁是顽强的乞丐，而勤苦的生产者却是蝉。

名家点拨

　　文学中的寓言故事其实在大自然中并不现实。本文从拉·封丹的寓言故事入手，形象生动地揭露了蚂蚁的贪婪和蝉的慷慨，从而揭示了蝉和蚂蚁之间真正的利害关系。

金“蝉”脱壳的秘密

名家导读 ✳ ❀

　　蝉越过漫长的冬伏期后，从地底下爬出来，通体土黄透亮，雅称“金蝉”。金蝉爬上树干或树枝，静静地歇着，开始蜕变。金壳背部裂开一条缝，新生蝉从缝里爬出，蝉翼丰满后飞走；金壳依然在枝头摇曳

　　我有很好的环境可以研究蝉的习性，因为我是与它同住的。七月初临。它就占据了靠我屋子门前的树。我是屋里的主人，门外的它却是最高的统治者，不过它的统治无论怎样总是不很安静的。

　　蝉的初次发现是在夏至。在阳光暴晒、久经践踏的道路上，有好些圆孔，与地面相平，大小约如人的拇指。通过这些圆孔，蝉的蛴螬从地底爬出来，在地面上，变成完全的蝉。它们喜欢干燥、阳光多的地方；因为蛴螬有一种有力的工具，能够刺透焙过的泥土与沙石。当我考察它们遗弃下的储藏室时，我必须用镐头来挖掘。

　　最使人注意的，就是约一寸口径的圆孔，四边一点垃圾都没有。没有将泥土堆弃在外面。大多数的掘地昆虫，例如金蜣，在它的窠巢外面总有一座土堆。这种区别是由于它们工作方法的不同。金蜣的工作是由洞口开始，所以把掘出来的废料堆积在地面；但蝉的蛴螬是从地底上来的，最后的工作，是开辟门口的出路。因为门还未开，所以它不可能在门口堆积泥土。

　　蝉的隧道大都深达十五六寸，通行无阻，下面的地形较宽，但是在底

端却完全关闭起来。在做隧道时，泥土搬到哪里去了呢？为什么墙壁不会崩裂下来呢？谁都会以为蚱蟟用有爪的腿爬上爬下，会将泥土弄塌了，把自己的房子塞住的。

其实，它的动作，简直像矿工，或是铁路工程师。矿工用支柱支持隧道，铁路工程师利用砖墙使地道坚固，蝉同他们一样聪明，在隧道的墙上涂上水泥。在它的身子里藏有一种极黏的液体，就用来做灰泥。地穴常常建筑在含有汁液的植物根须上。它可以从根须取得汁液。

能够很随便地在穴道内爬上爬下，对于它是很重要的，因为当它可以出去晒太阳的日子来到时，它必须先知道外面的气候如何。所以它要工作好几个星期，甚至几个月，做成一条涂墁得很坚固的墙壁，适宜它上下爬行。它在隧道的顶上，留着一指厚的一层土，用来保护并抵御外面天气的变化，利用顶上的薄盖，去考察天气的情况。只要有一些好天气的消息，它就爬上来。

如果它估计到外面有雨或风暴——当纤弱的蚱蟟蜕皮的时候，这是一件顶重要的事情——它就小心谨慎地溜到温暖严密的隧道底下。但是如果天气看来很温暖，它就用爪击碎天花板，爬到地面上来了。

在它臃肿的身体里面，有一种液汁，可以用来避免穴里面的尘土。当它掘土的时候，将液汁喷洒在泥土上，使它成为泥浆，于是墙壁更加柔软。蚱蟟再把它肥重的身体压上去，使烂泥挤进干土的罅隙里。所以，当它在顶上出现时，身上常有许多潮湿的泥点。

蝉的蚱蟟，初次出现于地面时，常常在邻近地方徘徊，寻求适当地点——一棵小矮树，一丛百里香，一片野草叶，或者一根灌木枝——蜕掉身上的皮，它就爬上去，用前爪紧紧地把握住，丝毫不动。

于是它外层的皮开始由背上裂开，里面露出淡绿色的蝉。头先出来，接着是口器和前腿，最后是后腿与折着的翅膀。此时，除掉身体的最后尖端，整体已完全脱出了。

其次，它表演一种奇怪的体操，它腾起在空中，只有一点固着在旧皮上，翻转身体，直到头部倒悬，皱褶的翼，向外伸直，竭力张开。于是用一种几乎不可能看清的动作，又尽力将身体翻上来，并用前爪钩住它的空皮，这个动作，把它身体的尖端从壳中脱出。全部的经过大概要半小时之久。在短时期内，这个刚得到自由的蝉，还不怎么强壮。在它的柔弱的身体还不具有精力和漂亮的颜色以前，必须在日光和空气中好好地沐浴。它用前爪挂在已脱下的壳上，摇摆于微风中，依然很脆弱，依然是绿色的。直到棕色出现，才同平常的蝉一样。假定它在早晨九点钟占据了树枝，大概在十二点半，扔下它的皮飞去。空壳挂在枝上有时要一两个月之久。

 ## 名家点拨

　　金"蝉"脱壳——可能大家都听说过，但是具体是怎么回事可能你还不知道吧？法布尔用细腻生动的语言把金"蝉"脱壳的过程做了详细的描述。金"蝉"脱壳的过程跃然纸上。

昆虫界的歌唱家

名家导读

蝉的声音，大家都听过。或许这不能被称为歌声。然而，在动物界，能这么声嘶力竭地大声"歌唱"的，除了蝉，没有其他的动物。蝉是用生命在歌唱。哪怕生命短暂到只有一分钟，一秒钟——蝉也不会放弃歌唱！

蝉似乎是由于自己的喜爱而唱歌的。它翼后的空腔里带着一种像钹一般的乐器，但它还不满足，还要在胸部安置一种响板，以增加声音的强度。有种蝉，为了满足音乐的嗜好，确实做了很多的牺牲。因为有这种巨大的响板，使得生命器官都无处安置，只好把它压紧到身体最小的角落里。为安置乐器而缩小内部的器官，这当然是极热心于音乐的了！

阅读理解
歌唱家本应如
此，兴趣使然。

但是不幸得很，它这样自鸣得意的音乐，对于别人，完全不能引起兴趣。就是我也还没有发现它唱歌的目的。通常地猜想，以为它是在叫喊同伴，然而事实证明这个见解是错误的。

蝉与我比邻相守差不多十五年，每个夏天，将近两个月之久，它们总不离我的眼帘，而歌声也不离我的耳畔。我通常都看见它们在筱悬木的柔枝上，排成一列，歌唱者和它的伴侣相并而坐。吸管插到树皮里，动也不动地狂饮，夕阳西下，它们就沿着树枝用慢而稳的脚步旋转，寻找最热的地方。无论在饮水或行动时，它们从未停止歌声。

所以这样看起来，它们并不是叫喊同伴。因为你不会费时几个月，站在那里去呼喊一个正在你身旁的人。

其实，照我想，就是蝉自己也不曾听见它这种兴高采烈的歌声。不过是想用这种强硬的方法，强迫别人去听而已。

它有非常清晰的视觉。它的五只眼睛，会告诉它左右以及上方有什么事情发生。只要看到有谁跑来，它立刻停止歌声，悄悄飞去。然而喧哗却不足以惊扰它，你尽管站在它的背后讲话，吹哨子，拍手，撞石子，它都满不在乎。但要是一只麻雀，就是比这种声音更轻微，而且它也没有看见你，也一定会惊慌地飞去。而镇静的蝉却仍然继续发声，好像没有事一样。

有一回，我借来两支农民在节日用的土铳，里面装满火药，就是最重要的喜庆事也只用这么多。我将它放在门外的筱悬木树下。我们很小心地把窗开着，以防玻璃震破。在树枝上的蝉，不知道下面在干什么。

我们六个人等在下面，热心倾听头顶上的乐队受到什么影响。砰！枪放出去，声如霹雳。一点没有关系，它仍然继续歌唱。没有一个表现出一些被扰乱的情况，声音的质与量也没有些微的改变。第二枪和第一枪一样，也不发生影响。

我想，经过这次实验，我们可以确定，蝉是听不见的，好像一个极聋的聋子，它完全不觉得它自己所发出的声音！

阅读理解

蝉的听觉如此迟钝，难怪它终其一生都在大声歌唱。这是蝉的悲哀还是幸运？值得深思！

名家点拨

　　面对生命的残酷，蝉是不服输的！生命即使短暂到只有一天，只有一分钟，只有一秒钟，蝉也不会放弃歌唱！它天生就是歌唱家——动物界的伟大的歌唱家！

蝉的卵

名家导读

　　蝉是怎么产卵和孵化的呢？这是一个漫长的过程。长达四年的"地牢"生活才可以换来枝头的一月生命，这就是蝉的诞生。然而，即使这样，蝉并不悲观。哪怕只有一天的生命，蝉也会抓紧每一分钟每一秒钟放声高歌。

　　普通的蝉喜欢在十的细枝上产卵，它选择那最小的枝，像枯草或铅笔那样粗细；而且往往是向上翘起，从不下垂，差不多已经枯死的小枝干。

　　它找到了适当的细树枝，即用胸部尖利的工具，刺出一排小孔——这些孔好像用针斜刺下去，纤维被撕裂，边沿微微挑起。如果它不被打扰，一根枯枝上，常常刺出三十或四十个孔。

　　这是一个昆虫的很好的家庭。它之所以产这么多卵是因为要防御一种特别的危险，因此必须生产大量的蚱蟀，预备被毁掉一部分。经过多次的观察，我才知道这种危险是什么。是一种极小的蚋，它如果和蝉比较起来，蝉简直是庞大的怪物。

　　蚋和蝉一样，也有穿刺工具，位于身体下面近中部处，伸出来时和身体成直角。蝉卵刚产出，蚋立刻企图把它毁坏。这真是蝉的家庭灾祸！大怪物只需一踏，就可轧扁蚋们，然而蚋竟镇静异常，毫无顾忌，置身在大怪物之前，这真是令人惊讶。我曾见过三个蚋顺序地待在那里，同时预备掠夺一个倒霉的蝉。

　　蝉刚装满一小穴的卵，又到稍高的地方，另做新穴。蚋立刻来到这里，虽然蝉的爪可以够到它，然而它很镇静，一点不害怕，如同在自己的家里一样，在蝉卵上，加刺一孔，将自己的卵产进去。蝉飞去时，它的孔穴内，多数已混进了别人的卵，这能把蝉的卵毁坏。这种成熟很快的蚋蟥，每个小穴内一个，就以蝉卵为食，代替了蝉的家庭。

从放大镜里，我曾见过蝉卵的孵化。开始很像极小的鱼，眼睛大而黑，身体下面，有一种鳍状物，由两个前腿联结而成。这种鳍有些运动力；帮助蚋蟥走出壳外，并且帮助它走出有纤维的树枝，这是比较困难的事情。

鱼形蚋蟥一出穴外，即刻把皮蜕去。但蜕下的皮自动地形成一种线，蚋蟥靠它能够附着在树枝上。它在未落地以前，先在此洗日光浴，踢踢腿，试试自己的筋力，有时却又懒洋洋地在绳端摇摆着。

阅读理解
拟人化的写法，生动有趣，把蚋蟥的形象活灵活现地展现在读者眼前。

它的触须现在自由了，左右挥动，腿可以伸缩，前爪能张合自如。身体悬挂着，只要有一点微风，就动摇不定，在这里为它将来的出世做好准备。我所看到的昆虫中再没有比这个更具奇观的了。不久，它落到地上来了。

这时，在它面前危险重重。只要有一点风，就能把它吹到硬的岩石上，或车辙的洪水中，或不毛的黄沙上，或坚韧得无法钻下去的黏土上。

这个弱小的动物，很迫切地需要隐蔽，所以必须立刻到地底下寻觅藏身的地方。天气冷起来了，迟缓就有死亡的危险。它不得不四处找寻软土；毫无疑问，许多是在没有找到藏身之处前就死去了。

最后，它寻找到适当的地点，用前足的钩，挖掘地面。从放大镜中，我见它挥动斧头，将泥土掘出抛在地面。几分钟后，一个土穴就挖成了，这小生物钻下去，埋藏了自己，此后就不再出现了。

未长成的蝉的地下生活，至今还是个未知的秘密，不过在它未长成来到地面以前，地下生活所经过的时间我们是知道的。它的地下生活大概是四年。以后，日光中的歌唱是五星期。四年黑暗中的苦工，一个月日光下的享乐，这就是蝉的生活。我们不应当讨厌它那喧嚣的凯歌，因为它掘土四年，现在才忽然穿起漂亮的衣服，长起可与飞鸟匹敌的翅膀，沐浴在温暖的日光中。什么样的钹声能响亮到足以歌颂它那得来不易的刹那欢愉呢？

名家点拨

本文主要介绍了蝉的产卵和孵化过程。作者在叙述的过程中，对蝉的产卵、卵的孵化的处所和温度等条件都做了详细的介绍。

螳螂打猎

名家导读 ❋

　　螳螂，亦称刀螂，无脊椎动物，属于昆虫纲有翅亚纲螳螂科，是一种中至大型昆虫，头三角形且活动自如，复眼大而明亮，触角细长，颈可自由转动。小朋友，你知道螳螂是怎么捕食的吗？读了这篇文章你就知道了。

　　在南方有一种昆虫，与蝉一样，很能引起人的兴趣。但因为它不能歌唱，所以不像蝉那样出名。它在形状与习性方面都很不寻常，如果它也有一种钹，它的声誉，一定会远远超过那有名的音乐家。

　　多年以前，在古希腊时期，这种昆虫叫做螳螂，或先知者。农民们看见它半身直起，威严端庄地立在太阳照着的青草上，宽阔的轻纱般的薄翼，如披风拖曳着，前腿形状像臂，伸向半空，好像是在祈祷。在当时的农民看来，它好像一个女尼，所以后来，就被人称为祈祷的螳螂了。

　　这个错误再大不过了！那种虔诚的态度是骗人的，高举着的祈祷的手臂，是最可怕的利刃，任何东西经过，就用它来捕杀。它真是凶猛如饿虎，残忍如妖魔。它是专吃活动物的。

　　从外表上看来，它并不可畏，而且还具有相当的美丽，有纤细而娴雅的外形，淡绿的色彩，轻薄如纱的长翼。颈部是柔软的，头可朝任何方向自由旋转。只有这种昆虫能随心所欲地向各方面凝视。它差不多可以说具有一个完整的脸。

　　娴雅的身材和前足残杀的机械，两者间的差异真是太大了。它的腰

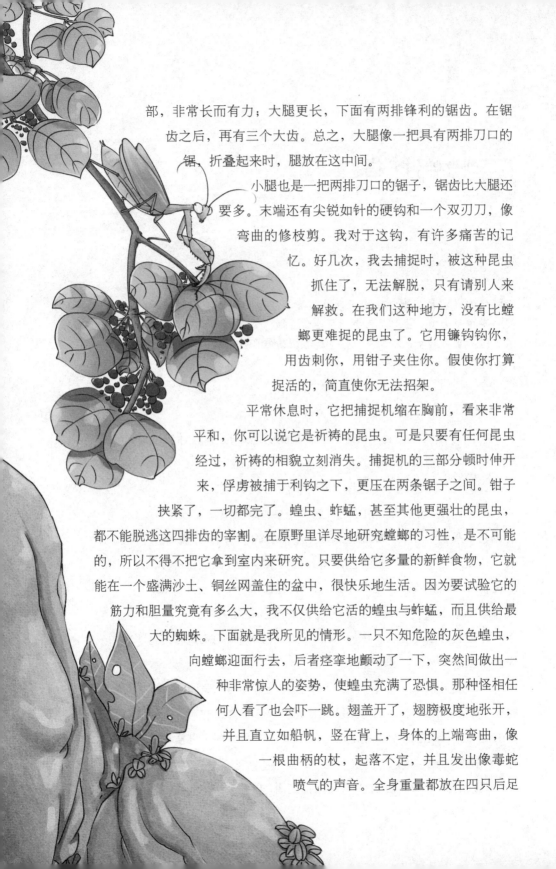

部，非常长而有力；大腿更长，下面有两排锋利的锯齿。在锯齿之后，再有三个大齿。总之，大腿像一把具有两排刀口的锯，折叠起来时，腿放在这中间。

小腿也是一把两排刀口的锯子，锯齿比大腿还要多。末端还有尖锐如针的硬钩和一个双刃刀，像弯曲的修枝剪。我对于这钩，有许多痛苦的记忆。好几次，我去捕捉时，被这种昆虫抓住了，无法解脱，只有请别人来解救。在我们这种地方，没有比螳螂更难捉的昆虫了。它用镰钩钩你，用齿刺你，用钳子夹住你。假使你打算捉活的，简直使你无法招架。

平常休息时，它把捕捉机缩在胸前，看来非常平和，你可以说它是祈祷的昆虫。可是只要有任何昆虫经过，祈祷的相貌立刻消失。捕捉机的三部分顿时伸开来，俘虏被捕于利钩之下，更压在两条锯子之间。钳子挟紧了，一切都完了。蝗虫、蚱蜢，甚至其他更强壮的昆虫，都不能脱逃这四排齿的宰割。在原野里详尽地研究螳螂的习性，是不可能的，所以不得不把它拿到室内来研究。只要供给它多量的新鲜食物，它就能在一个盛满沙土、铜丝网盖住的盆中，很快乐地生活。因为要试验它的筋力和胆量究竟有多么大，我不仅供给它活的蝗虫与蚱蜢，而且供给最大的蜘蛛。下面就是我所见的情形。一只不知危险的灰色蝗虫，向螳螂迎面行去，后者痉挛地颤动了一下，突然间做出一种非常惊人的姿势，使蝗虫充满了恐惧。那种怪相任何人看了也会吓一跳。翅盖开了，翅膀极度地张开，并且直立如船帆，竖在背上，身体的上端弯曲，像一根曲柄的杖，起落不定，并且发出像毒蛇喷气的声音。全身重量都放在四只后足上，身体的前部完全竖起来。杀人的前臂张开，下面露出黑白的斑点。

蝗螂在这种奇怪的姿势下，一动不动地站着，眼睛盯住了它的俘虏。蝗虫稍微移动，蝗螂即转动它的头。这种举动的目的很明显，是要将恐惧心理纳入牺牲者的心窝深处，在未攻击以前，就使它因恐惧而瘫痪。此时，蝗螂在装怪物哩！

这个计划完全成功。蝗虫看见怪物当前，当时就丝毫不动地审视着它。它原是很会跳的，居然想不起逃走，只是傻呆呆地伏着，甚至莫名其妙地向前移近。

当蝗螂可以够得着的时候，就用两爪重击，两条锯子重重地压紧，这个可怜虫抵抗也无用了。于是残暴的魔鬼开始嚼食了。

蜘蛛在捕捉敌人时，先猛刺敌人的颈部，使之受毒而不能抗御。蝗螂也是用同样的方法攻击蝗虫，首先在颈部重击，消灭它转动的能力。这种方法，能捕食同自己一样大的，甚至比自己更大的昆虫。不过最奇怪的，就是这贪食的昆虫，竟能吃这么多的食物。

掘地的黄蜂们常常受到它的拜访。它常在黄蜂们地穴的附近，等待一箭双雕的好机会，即黄蜂和它所带回来的俘虏。有时好久也等不到，因为黄蜂已产生疑虑而有戒备，但是终于捉到一个不当心的。蝗螂突然把双翼鼓动得沙沙作响，使这个粗心的黄蜂吓得一怔，趁这个当儿，蝗螂猛地一扑，于是就把它逮进双锯口的捕捉器中——蝗螂的带锯齿的前臂和带锯齿的上臂中了。这个牺牲者于是就被一口一口地啮食掉了。

有一次，我看见一只吃蜜蜂的黄蜂，刚带了一只蜜蜂回到储藏室，受到蝗螂的攻击而被捉。黄蜂正在吃蜜蜂嗉袋里的蜜，而蝗螂的双锯，不料竟加到它的身上，但是恐怖与痛苦，竟不能使这馋嘴的小动物停止吸食，甚至它自己正在被吞食，它还在继续舐食蜜蜂的蜜。

阅读理解
作者详细描写蝗螂与蝗虫对峙的状态，观察细致入微。

阅读理解
作者亲眼所见，更是说明了蝗螂的残忍本性。

这种凶恶魔鬼的食物，不只限于别种昆虫。它的气概虽然很神圣，却是个自食其类者。它满不在乎地吃它的姊妹，好像吃蚱蜢一样，而围绕在旁边看着的，也没有什么反应，竟在预备一旦有机会也来做同样的事。甚至它还有吃丈夫的习惯，把丈夫的头颈咬住，一口一口地吃，直到剩下两片翅膀。据说狼是不吃同类的，它比狼还要坏十倍。

 名家点拨

螳螂是我们所熟知的小生命。但是这个表面看上去温柔娴雅的"绿衣小天使"实际上并不是任何时候都像它的外表一样可爱。本文中，作者就用很有意思的手笔向我们展示了螳螂不为人知的另一面——原来它也是凶残的杀手。

螳螂精美的巢穴

名家导读 *

　　螳螂最大的优点就是它能建造很精美的巢穴。不过这个建筑过程对于螳螂来讲却是一个不小的工程，尽管螳螂的巢穴大小也就一二寸长，还不足一寸宽。那么，现在我们就来看看螳螂是如何筑巢的吧！

　　话说回来，螳螂也有它的优点。它能做精美的窠。

　　这种窠，在有太阳光的地方随处可以找到。如石头、木块、葡萄干、树枝、枯草上，甚至在一块砖头、一条破布，或者旧皮鞋的破皮上。任何东西只要有凸凹的面、可做坚实的基础的，它都可以在上面做窠。

　　窠的大小约一二寸长，不足一寸宽，颜色金黄如一粒麦，由多沫的物质做成。不久它渐成固体，逐渐变硬，烧起来像丝的气味。形状据所附着的地点不同而不同，但是面上总是凸起的。整个窠大致可分三道地带，当中一部分是由小片做成，排列成双行，如屋瓦一样地重叠着。小片的边沿，都有缺口，形成两行裂缝，是做门路用的。小螳螂孵化时，就从这里跑出来。至于别的墙壁，都是不能穿过的。

　　卵在窠内一层一层地排列着，每层都是卵的头端向门口。刚才我已说过，门有两行。一半的蛴螬从左门出来，其余则由右门。

　　有一个可注意的事实，就是母螳螂建造这很精致的窠时，正是在生卵的时候。它身体内能排泄出一种黏质，同毛虫排泄的丝液相仿，与空气混合以后，可以变成泡沫。它用身体顶端的小勺，将它打起泡沫，像我们用叉子打鸡蛋一样。这种泡沫是灰白色的，和肥皂沫相似，起初是黏性的，几分钟以后，渐成固体。

蟑螂就在这泡沫中产卵，每一层卵产出来，就盖上一层泡沫，泡沫很快就变成固体了。

在新窠的两个出口地带，另用一层和别处似乎不同的材料封住——是一层多孔、纯净无光的粉白状的材料，和蟑螂窠其他部分的灰白色完全相反。它好像面包师掺合蛋白、糖、淀粉，用做糕点外衣的混合物一样。这种雪白的外盖，很容易破碎脱落。脱落的时候，窠的出口地带以及那两行小片，完全可以看出。风雨不久就将它侵蚀成碎片脱去，化为乌有，所以旧窠上就看不见它的痕迹了。

这两种材料，外表虽不相同，实际上只是同样原质的两种形式。蟑螂用它的勺打扫泡沫的表面，撇取浮皮，做成一条带状物，覆在窠的背面，看起来像冰霜的带，其实仅仅是粘在泡沫的最薄最轻的部分，所以看去比较白些。道理是它的泡沫比较细巧，光的反射力比较强而已。

这真是一部奇怪的机器，它能很快很有方法地做成一种角质的物质，第一批的卵就产在这上面。卵、保护用的泡沫、门前的柔软糖样的遮盖物，都能制出，同时还能做成一种重叠着的薄片和通行的小道！在这个时候，蟑螂却在窠的根脚上立着一动都不动。对于背后造起的建筑物，连一眼都不看。它的腿，对于这件事一点都没有做什么，完全是这部机器自己做成的。母亲的工作成功后，就跑走了。我总希望它回来看看，对这些新出生者表示一些温情。然而显而易见的，它对于这竟没什么兴味了。

所以我觉得蟑螂是没有心肝的，它吃它的丈夫，还要抛弃子女。

阅读理解

蟑螂筑巢的本领
还真是不一般。

名家点拨

当然，本文不只描写了螳螂筑巢的过程。作者除了精心描述了螳螂筑巢的过程，还用生动的笔法简单描述了螳螂产卵的过程。

螳螂卵的孵化

名家导读

夏天的草地上经常可以见到螳螂，那么，螳螂是怎么繁衍后代的呢？螳螂的卵是如何孵化的呢？作者通过细致生动的描述，向我们道出了这其中的奥秘。

螳螂卵的孵化，通常都在太阳光下，大约在六月中旬上午十点钟的时候。我已经告诉过你们，这个窠只有一部分可以做这小蛴螬的出路，就是环绕着中央有一带鳞片的地方。每片的下面，慢慢地可以看见一个微带透明的小块，接着是两个大黑点，那就是小动物的眼睛。幼小的蛴螬，缓慢地在薄片下滑动，差不多已有一半被解放。它的颜色黄而带红，并有一个胖大的头。从它外面的皮肤下，非常容易辨别出它的大眼睛，嘴贴在胸部，腿紧贴在腹部。除掉这些腿以外，全部都令人联想到方才离壳的蝉的初期状态。

像蝉一样，为了方便与安全，幼小的螳螂刚到世界上来，实有穿上外套的必要。它从窠中狭小弯曲的道路出来，假使完全将足伸开，实在不可能。因为身上装备的高跷、杀戮的长矛、灵敏的触须，将要阻碍它的道路，使它不能出来。所以这小动物刚刚出现时，身上包裹着襁褓，形状如一只船。

当蛴螬在窠中薄片下刚刚出现，它的头逐渐变大，直到形如一粒水泡。小动物不停地一推一缩地努力解放自己，每一回动作，头就变大一些。最后胸膛上部的外皮破裂，于是它更摆动、挣扎、弯扭，决定脱去这件衣衫。结果，腿和触须先得解放，再加几次摇动，就完全成功了。

几百只小螳螂，同时拥拥挤挤地从窠里出来，确是一道奇观！当其他的蛴螬没有形成螳螂的形态出现以前，我们很少看见有一个单独的小动物露出它的眼睛。好像有信号传递一样，非常之快，所有的卵差不多同时孵化，一刹那间，窠的中部，顿时挤满小蛴螬，狂热地爬动，摆脱掉外衣。然后它们跌落，或爬到附近的枝叶上。几天以后，又一群蛴螬出现，就这样持续到全体的卵都孵化完。

然而很不幸！这些可怜的小蛴螬竟孵化到一个满布危险的世界上。我好多次在门外围墙内，或幽闭的暖房中，看到它们孵化。我总希望能好好地保护它们。然而至少有二十次以上，我总看到蛴螬们横遭杀戮的残暴景象。螳螂虽然产了许多卵，但是它的数目还不足以抵御候在旁边等待蛴螬出现的杀戮者。

它们最厉害的敌人，要算蚂蚁。我每天都看见它们来到螳螂的窠边，我的能力常常不能驱逐它们，因为它们占了上风。可是它们很难跑进窠里，因为四周的硬墙，形成了坚固的壁垒，不过它们总是在门外等候着俘虏。

阅读理解
螳螂精美的巢穴原来也是有心计有目的的，也许正是为了在不远的将来对付这些可怕的蚂蚁的。

只要小蛴螬一出门口，立刻就被蚂蚁擒住，拉去外衣，切成碎片。你可以看见只能用乱摆以保护自己的小动物与大队来掳掠它们的凶恶强盗间的可怜的挣扎。一会儿，这场屠杀过去了，所剩下来的，只是这繁盛的家庭中碰巧能逃脱残生的少数几个而已。这是很奇异的，作为昆虫的对头——螳螂，在生命的初期，本身也要毁灭于昆虫中最小的蚂蚁之手。这恶魔眼睁睁看着它的家庭被矮小的侏儒吃掉。不过这种情形并不是长久的。幼虫与空气接触后不久，就强壮起来，能够自卫了。它在蚂蚁群中快步走过，经过的地方，蚂蚁都纷纷跌倒，不敢再攻击它了。它前臂放

置在胸前，做自卫的戒备，骄傲的态度将它们吓倒了。

但是螳螂还有其他不容易被吓退的敌人。那就是居住在墙壁上的小灰蜥蜴，它对于螳螂恐吓的姿势，是满不在乎的。它用舌尖，一个一个舐起逃出蚂蚁虎口的小昆虫。虽然一个不满一嘴，但是从壁虎的表情看来，味道却是非常之好。每吃一个，眼皮总是微微一闭，确实是一种极端满足的表示。

不仅如此，甚至卵未发育以前，已经在危险之中了。有一种小的野蜂，随身带着一种刺针，其尖利可以刺透硬化的泡沫的窠，因此，螳螂的后嗣，与蝉的子孙一样，遭受到相同的命运。这位外来的客人，产卵于螳螂窠中，其孵化也较主人的卵早些，于是后者的卵，就被侵略者所食。假使螳螂产卵一千枚，大概能不遭毁灭的，恐怕只有一对而已。

螳螂吃蝗虫，蚂蚁吃螳螂，鹞鸟吃蚂蚁。然而到了秋天，鹞鸟吃蚂蚁吃得肥了，我就吃鹞鸟。

大概螳螂、蚱蜢、蚂蚁，甚至其他更小的动物，都能增加人类的脑力。用一种奇怪而不可见的方法，供给我们思想之灯一滴油料。它们的精力慢慢地发达、积蓄，然后传送到我们的身上，流进我们的脉络里，滋养我们的不足，我们的生存是建筑在它们的死亡上。世界本是新陈代谢的。因为旧的结束，新的才能开始；因为各种东西的死，所以各种东西就得以生。

很多年来，人们以一种出于迷信的敬畏态度来对待螳螂。在布罗温司，认为它的窠是治冻疮的灵药。当地的人将它劈开两半，挤出浆汁，擦在痛楚的部分。农民们断言它功效如神。然而，我自己从来没感觉到它有什么功效。

同时，也有人盛赞它治牙痛非常有效。假使你有了它，你就不必怕牙痛了。妇女们在月夜收集它，很当心地收藏在碗橱的角落里，或者缝在袋里。假使邻居们有牙痛的，就跑来借。她们叫它为"铁格奴"。肿了脸的病人说道："请你借给我一些'铁格

阅读理解
壁虎捕食螳螂时的神态仿佛一瞬之间跃然纸上，细细读来，趣味横生。

阅读理解
不管是迷信还是科学，螳螂在人们生活中的意义是存在的，即使有时候真的只是为了满足简单的心理需求。

奴’，我很痛呢！"于是另外一个赶快放下针，拿出这宝贵的东西来。

她对她的朋友很慎重地说："无论如何，你可千万别把它丢了，我只有这一个了，再说现在也不是有月亮的日子。"

农民们这种心理是简单的、迷信的，但是16世纪的一个英国医生兼科学家甚至又进了一步，他告诉我们，在那个时候，假使小孩子迷了路，他可以叫螳螂指点他。并且这位科学家说："螳螂会伸出它的一足，指点他正确的路，而且很少甚至从不出错。"

名家点拨

螳螂是一种很有意思的小动物。本文主要介绍的是螳螂的产卵、孵化以及幼虫生长的全过程。全文语句细腻，描写生动，让我们对螳螂的生活习性有了一个更感性更深刻的了解。

纯天然照明灯"萤火虫"

名家导读

　　每一个小朋友都有属于自己的梦。尤其是在流萤夏夜，在黑沉沉的暮色里，尤其是当小小的带着微弱的光芒的萤火虫出现的时候，儿童的梦也许真的就这样产生了。

一. 它的外科器具

　　很少虫类像发光的蠕虫这样有名的，这个稀奇的小动物尾巴上挂了一盏灯，以祝生活的快乐。我们即使没有看见过它像由满月落下来的一颗火星似的，在青草中遨游，至少它的名字我们全都听说过的。古代希腊人叫它为亮尾巴，最近科学家给它一个名字叫做"蓝披里斯"。

　　事实上，萤无论如何不是蠕虫，就是在外表上也不对。它有六只短足，且能知如何使用，它是真正的闲游家。雄的到了发育完全的时候，生有翅盖，像真的甲虫。雌的不引人注意，它对于飞行的快乐，一无所知，终身在幼虫状态，永远保持不完的形状。就是在这个状态中，蠕虫的名词也很不得当。我们法国人常用"像蠕虫一样的精光"一句话来表示一点保护的东西都没有，而萤却是有衣服的。就是说，它有外皮用以保护自己，而且还是色彩斑斓的。它是深棕色的，胸部微红，身体每一节的边沿，点缀着两粒鲜红的斑点。蠕虫是从不穿这样的衣服的。虽然如此，我们还是继续叫它发光的蠕虫，因为这个名字是全世界人所共知的（为了我

国读者的方便，以后我们统称萤——译者）。

萤最有趣味的两个特点是：一、取得食物的方法；二、尾巴上有灯。

一位研究食物的法国著名科学家曾说过："告诉我，你吃的什么，那么我就能知道你是什么。"

同样的问题应该对任何昆虫提出——任何一种昆虫，我们要是打算研究它的习性，都可以提出同样的问题，因为食物所反映出的情况，正是一切动物生活中最主要的材料。虽然萤的外表很天真，但它却是个肉食者，猎取野味的猎人；并且打猎的方法，还很凶恶。通常它的俘房都是蜗牛。这个事实早已被人知道；所不知道的，只是它稀奇的猎取方法。这个方法，我在别处还不曾见过。

在它开始捕食它的俘房以前，先给它一针麻醉药，使它失掉知觉，好像人类在施行外科手术以前，受氯仿的麻醉而失去知觉一样。它的食物，通常都是很小很小的蜗牛，还没有一个樱桃大；气候炎热的时候，在路旁枯草与麦根上，集成一大群。整个夏天它们都动也不动地群伏在那里。在这些地方，我常常看到萤在吃刚被它麻醉了的失去知觉的俘房。

但是它也常往别的地方去。阴冷潮湿的阴沟旁边，那里蔓草丛生，可以找到很多的蜗牛；在这样的地方，萤就在地上将它们杀死。在我的家里，我也可以造成这种条件，因此把它的行动观察得非常详细。

现在我就来叙述这奇怪的情形。我在大玻璃瓶中放了一点小草，里面装了几个萤和一些蜗牛，蜗牛的大小还比较适当，也不太大，也不太小。不过，我们要想看到它的动作，必须耐心地等待，最重要的是必须十分留心地看守，因为事情的发生，总是出人意料的，而且时间也不长。

一会儿，萤开始注视它的牺牲品。蜗牛照它的习性，除外套膜的边缘微微露出一点以外，全部都藏在壳子里面的。于是这位猎人就抽出兵器来。这件兵器极其微小，没有放大镜，简直看不见。它有两片颚，弯拢成一把钩子，尖利细小如一根毛发。从显微镜中，可以看见钩子上有一条沟槽。武器就是这个。

萤用它的兵器，在蜗牛的外膜上，反复地轻敲着。神气很温和，好像并不是咬，却像是接吻。小孩子互相戏弄的时候，常常用两个手指头，拿住对方的皮肤，轻轻地捻，这种动作，我们用"扭"字来表示，因为事实上近乎搔痒，而不是重捻。现在就让我们用"扭"这个字吧。在讲到动物的时候最好用简单的语言。那么我们可以说，萤是在"扭"蜗牛。

阅读理解
一个"扭"字，形象生动地描写了萤火虫攻击蜗牛时的动作姿态。

它扭得颇有方法，一点不着急，每扭一下，总停一会儿，好像看看发生的效力如何。扭的次数也不多，顶多五六次，就足以使蜗牛失去知觉。等到吃的时候，又扭上几扭，看来较重。但是关于这个，我就不能确定为什么了。确实的，最初不多的几下，很足以使蜗牛失去知觉，由于萤的灵敏的动作，闪电一般的速度，就已将毒质从沟槽中传到蜗牛的身上了。

当然，这是不用怀疑的，蜗牛一点也不感觉痛苦。当萤扭过四五次，我就将蜗牛拿开，用很小的针刺它，刺伤的肉一点也不收缩，生机一点也没有了。还有一次，我偶然看见一个蜗牛正在爬行的时候被萤攻击，足慢慢地蠕动，触角伸得很长。蜗牛因为兴奋乱动了几动，然后一切就静止下来，足也不爬了，身体前部也失去了温雅的曲线，触角也软了，拖垂下来，像一根坏了的手杖。从各种现象上看来，蜗牛已经死了。

然而，它并不是真正死去。我可以使它活过来。在它不生不死的两三天里，我给它施以淋浴。几天以后，给萤伤害很重的蜗牛，就恢复了原来的状态。它苏醒过来，恢复了行动和知觉。如用针刺它，它立刻就觉知，足也爬动，触角也伸出来，好像并没有什么意外的事情发生过一样。一种类似沉醉的周身麻痹已经完全消失，死的已经活了。

人类科学中，外科医术上认为胜利的、使人不感觉痛苦的方法还没有发明以前，萤以及别的动物，已经实地施行好几世纪了。外科医生用嗅乙醚或氯仿的方法，昆虫则用它们的毒牙注射极小量的特别的毒药。

阅读理解
看似美丽浪漫的
萤火虫原来也有
残忍的一面，笨
拙的蜗牛命运何
其悲哀。

当我们偶一想起蜗牛无害而和平的天性，而萤却用这种特别才能去制伏它，似乎有些奇怪。但是我想，我可以知道这种缘由的。

假使蜗牛在地上爬行，甚至缩在壳子里，对它攻击原是轻而易举的。它壳上并没有盖，而且身体的前部完全露在外面。但是它常常置身在高处，如爬在草干的顶上，或在很光滑的石面上。它贴身在这种地方，就可以得到很好地保护。它的壳贴紧在这些东西上，等于身体加上了一个盖。不过只要有一点没有盖好，萤的钩子还是可以通过裂缝钻进去，使得它失去知觉，被安安稳稳地吃掉。

不过，蜗牛爬在草干上，是很容易掉下来的。稍微一点挣扎，稍微一点扭动，蜗牛就要移动；它落到地上，那么萤就失掉食物了。所以为稳妥起见，必须使它毫无痛楚，不致逃走。因此一定要触得这样轻微，以免把它从草干摇落。我想，萤有这种稀奇的外科器具的理由就是如此吧！

二.蔷薇花形的饰物

萤不独在草木的枝干上使它的俘虏失去知觉，而且也在这种危险地方去吃它。同时它餐前的准备也是非常不简单的。

那么它吃的方法是怎样呢？真是吃吗？将蜗牛分成一片片，或者割成小碎块，然后再去咀嚼吗？我想并不如此。因为我从来没有在它们的嘴上，找到任何这种小粒食物的痕迹。萤并不是真正的"吃"，它仅是喝而已。它将蜗牛做成稀薄的肉粥，然后才吃。好像苍蝇那吃肉的蛆蟆，在未吃前先行将肉溶化；萤先将俘虏变成流质，然后下咽。

情形是这样的。无论这个蜗牛多么大，一般总是先由一个萤去麻醉它。等到蜗牛失去知觉后，不多一刻，客人们三三两两地跑来，同主人毫无争吵，全部聚集拥来。两天之后，我如果把蜗牛翻转来，将孔朝向下面，里面盛的东西就像羹一样由锅里流出来。这是吃剩下来的一些无用的碎渣。

事实很明显。同以前我们看到的"扭"相似，经过几次轻轻地咬，蜗牛的肉就变成了肉粥。许多客人随意享用，每个都用一种消化素先做成汤，各吃各的。这表示萤的那两个毒牙，除了用以叮蜗牛和注射毒药外，同时也注射些别种物质，使固体的肉变成流质，它利用这种方法，使每一口都能受用。

有时候蜗牛所处的地势非常不稳固，萤进行这个工作是非常仔细的。蜗牛关在我的瓶里，有时爬到顶上去，顶口是用玻璃片盖住的。它利用随身带着的黏液，粘在玻璃片上，只要这种黏液少用一些，轻轻地一摇动，就足使壳脱离玻璃，掉到瓶底下去。

萤常常利用一种爬行器——为补足腿力的不足而生长的——爬到瓶顶上，选择它的俘虏，仔细地考察它，寻到一个缝隙后，便轻轻一咬，使它丧失知觉，于是毫不迟延，开始制造肉糜，以备几天的食用。

它吃完饭，壳完全空了。然而仅涂了一点黏液的壳仍然粘在玻璃片上，并不脱下来，位置也一点没有变动。蜗牛没有经过一点抵抗，逐渐变成羹，在那被攻击的地点逐渐流干。这种细节，告诉了我们麻醉的咬如何地有效，萤处理蜗牛的方法何等巧妙。

萤要做这些事情，如爬到悬在半空的玻璃片或草干上，必须有特别爬行的肢体或器官，使它不致滑跌下来。显然的，它的笨拙短腿是不够用的。

从放大镜里，我们可以看见它确实生有一种特别器官。在它身体下面，靠近尾巴的地方，有块白点。从放大镜里可以看出，这是由一打以上短小的肉细管或短粗的指头组成的，有时合拢成为一团，有时张开如蔷薇花形。这一堆隆起的指头，帮助萤附着在光滑面上，同时也帮助它爬行。假使它要想吸在玻璃片或草干上，它就放开它的蔷薇花，在支撑物上张得很大，用它自己的天

阅读理解
作者细致的描写把萤火虫猎食的整个环节都再现在了我们的眼前。

阅读理解
用蔷薇花做比喻，不仅形象生动，而且非常贴切。

然黏力附着于上面，并且交互着一张一缩，就能帮助它爬行。

　　构成蔷薇花形的指头是没有节的，但是能向各个方向运动。事实上，它们像细管子要比指头像得多，因为它们不能拿东西，只能利用黏附力以附着在东西上面。它除掉黏附与爬行外，还有第三件用处，就是能当海绵和刷子用。饱餐以后，休息时，它用这种刷子在头上、身上到处扫刷，能够这样做，是由于它的脊柱有柔韧性。它一点一点，从身体的这一端刷到那一端，而且非常仔细，足以证明它对于这件事非常有兴趣。最初我们可能怀疑：为什么它拂拭得如此当心呢？但是很显然，将蜗牛做成肉粥，费了许多天的工夫去吃它，将自己的身子洗刷一番，确是必要的。

三.它的灯

　　假使萤除了用像接吻似的轻扭以行麻醉外，没有其他的才能，那么它将不会如此知名了。它还会在自己身上点起一盏灯。它照耀着，这是它成名的最好的方法。

　　雌萤发光的器具，生在身体最后的三节。前两节中的每节下面发出光来，成宽带形。第三节的发光部分小得多，只有两小点。光亮从背面透出来，从虫的上下面都可看见。从这些带和点上，发出微微带有蓝色的很明亮的白光来。

　　雄萤只有这些灯中的小灯，就是只有尾部末节两小点；这两小点差不多萤类全族中都是有的。从幼小的蛴蟖时代起，发光小点便有了，继续一生不改变，且在身体的上下面皆能看见。而雌萤特具的两条阔带，仅在下面发光。

　　我曾于显微镜下观察过发光带。皮上有一种白色涂料，形成很细的粒形物质，这就是光的发源地。附近更有一种奇异的具有短干的气管，上面有许多细枝。这种枝干散布于发光物之上，有时深入其中。

阅读理解
这实际上是在探讨萤火虫的发光原理。

我很清楚地知道，光亮产生于萤的呼吸器官。有些物质当和空气混合，就发亮光，甚至燃成火焰。这种物质名为可燃物。和空气混合能发光或发焰的作用叫做氧化作用。萤的灯便是氧化的结果。形如白涂料的物质，是氧化后剩下来的东西；连接于萤呼吸器官的细管供给着空气。至于发光物质的性质，至今还没有人知道。

另一问题，我们知道得较多。我们知道萤能完全控制它随身带着的亮光。它能随意将光放大缩小，或者熄灭。

假使细管中流入的空气增加，光度就变得更强；假使它高兴，将气管中空气的输送停止，那么光度就变得微弱，甚至熄灭。刺激能够影响到气管。这精致的灯，萤的身后最后一节的小点，只要有少许激动，立刻就会熄灭。当我想捕捉幼稚的萤时，清清楚楚看见它在草上发光，但

是脚步略不经意，扰动了旁边的枝条，光亮就即刻熄灭，这个昆虫也不见了。

然而雌萤的炫耀光带即使受到极大的惊吓，都没有什么影响。比方说，在户外将雌萤放在铁丝笼子里，我们在旁边放上一枪，这种爆裂的声音，对它毫无影响，光亮如常。我用一只喷雾器将冷水洒到它们身上，也没有一个熄灭灯，顶多光亮略停一停，而且事实上连这样也很少。我又用我的烟斗，吹进一阵烟到笼子里，这回光亮停止得长久些，有些竟停熄了，但即刻又点着。烟散以后，那光亮如常。假使将它们拿在手上，轻轻地一捏，只要压得不很重，光亮并不很减少。我们根本就没有什么方法，能使它将灯完全熄灭。

从各方面看起来，无疑的，萤自己控制着它的发光器具，随意使它明灭，不过在某一种环境之下，它就失去了自制之力。如果我们在发光之处，割下一片皮米，放在玻璃瓶试管内，虽然没有像在活萤体上那般明耀，但还是从容发光。对于发光物质来说，生命是并不需要的，因为发光的外皮直接与空气相接触，所以也就无须通过气管而得到氧气。在含空气的水中，这层外皮的光和在空气中同样明亮，如果是煮沸过的水，空气已驱出去，光就渐渐熄灭。再没有更好的证据来证明萤的光是氧化作用的结果。

它的光白色、平静，而且看起来很柔和，令人想象到月亮里掉下来的小火花。虽然十分灿烂，然而很微弱。假使在黑暗中，我们将萤的光向一行印的字上照过去，我们很容易辨出一个个的字母，甚至不很长的字；不过光仅及于这个狭小的范围，以外就看不见了。这样的灯，不久就会令读书的人疲倦的。

这些光明的小动物，却丝毫没有家庭的感情。它们随处产卵，有时在地面，有时在草上，随便散播。产下以后，再也不去注意它们了。

从生到死，萤总是放着光亮。甚至卵也有光，蛴螬也是这

阅读理解
作者用典型的事例来说明雌萤的炫耀光带即使受到极大的惊吓，也不会有什么影响，内容充实。

样。寒冷的气候快要降临时，蛴螬钻到地下去，但不很深。假如我把它掘起来，我看到它的小灯仍然是亮着。就是在土壤之下，它们的灯还是点着的。

名家点拨

　　这是很有意思的一篇小品文。作者以精确的语言描写了萤火虫的生理构造，以拟人化的语言形象风趣地展示了萤火虫的生活习性。

"斗士"蟋蟀的家政

名家导读

> 蟋蟀生性孤僻，一般的情况都是独自生活，绝不允许和别的蟋蟀住一起（雄虫在交配时期会和另一个雌虫居住在一起），因此，它们彼此之间不能容忍，一旦碰到一起，就会咬斗起来。那么，它们又是如何单独生活的呢？让我们一起来看看蟋蟀的"家政"。

居住在草地的蟋蟀，差不多和蝉一样的有名，在有限的卓越昆虫中是很出色的。它的出名是由于它的歌唱和住宅。单有一样是不足以成此大名的。动物故事学家拉·封丹，对于它，只谈了很少的几句。另外一个法国寓言作家弗罗里安写了一篇蟋蟀的故事，可是也太缺乏真实性和含蓄的幽默。并且这故事上说蟋蟀不满意它的生活，在叹息它的命运！这是一个错误的观念，因为无论是谁只要研究过它的，都知道它对于自己的才能和住所都是非常满意的。并且在这个故事的末尾弗罗里安也承认了：

我的舒适的小家庭是欢乐的地方，
如果你要快乐地生活，就隐居在这里吧！

在我一个朋友作的一首诗中，我感觉更有力更有真实性，下面就是这首诗。

曾经流传着动物间的一个故事：

有一只可怜的蟋蟀在门口徜徉，
它取暖于金黄色的日光，
忽见一只蝴蝶儿，得意洋洋。

它飞舞着，拖着骄傲的尾巴，
一行行新月形的蓝色花纹，是多么愉快活泼，
又有黄色的星点与黑色的长带，
昂扬地翱翔于青天外。

隐士说："飞走吧，
整天徘徊在你们的花丛下，
无论那白色的菊花还是红色的玫瑰花，
都不能比拟我的低凹的家。"

一阵暴风雨突然来临，
蝴蝶被滂沱的雨水所擒，
雨水淋脏了她丝绒的衣服，
她的翅膀也沾满了泥污。

蟋蟀藏匿着，滴雨不沾，
她唱着歌，冷眼旁观，
风暴的威胁对于它也是徒然，
任狂风暴雨溜过它的身边。

远离世界吧！
不要过分享受它的快乐和繁华，
安逸宁静的低凹火炉旁，
至少可以给你无忧无虑的时光。

在这里，我们可以认识我们的蟋蟀了。我常看到它在洞口卷动着触须，使它自己前部凉爽，后部温暖。它并不妒忌蝴蝶，反而可怜她，那种怜悯的态度，好像我们常看到的那些有家庭的人讲到那些无家可归的人所赋予的同情。它也不诉苦，它对于它的房屋和它的小提琴都很满足。它像个喜欢安静的哲学家，它躲开那些追求享乐者的骚扰，并且深深感到这种逃避的愉快。

是的，这种描写总算还正确。不过蟋蟀仍然需要几行文字将它的优点再公布一下，自从拉·封丹忽略它以后，它已等待得太久了。

对于我这样一个自然学者，两篇寓言中最重要的一点，就是它的窠穴，教训便建立在这上面。弗罗里安谈到它安适的隐居地；另一个赞美它低下的家庭。所以，最能引起人注意的，无疑是它的住宅，甚至这个不大注意实际事务的诗人也注意到了。

确实，在这件事上，蟋蟀是超群的。在各种昆虫中，只有它长大后，有固定的家庭，这是它工作的报酬。在一年中最坏的季节，大多数别种昆虫，都在临时的隐蔽所中藏身，他们的隐蔽所得来既方便，弃去也毫不足惜。它们之中也有许多制造一些惊人的东西以安置家庭，如棉花袋、树叶做的篮子和水泥的塔等。有许多长期在埋伏处伏着，等待捕获物，例如虎甲虫，掘成一个垂直的洞，用它平坦的青铜色的头塞着洞口。如果有别种昆虫踏到这个迷惑的活门上，它立刻掀起一面来，这位不幸的过客，就坠入陷阱中不见了。蚁狮在沙上做成一个倾斜的隧道。它的牺牲者——蚂蚁——从倾斜的面上滑下去，立刻就被用石击毙，那隧道里面的猎者把项颈做成一种石弩。但是这些都是一种临时的躲藏所或陷阱而已。

辛苦勤劳建筑的家，无论是快乐的春天，还是可怕的冬季，昆虫在那里住下来，都不想迁移。一种真正的住家，为着安全和舒适而建筑，并不是为了狩猎或育儿的，那么，就只有蟋蟀的家了。在一些有阳光的草坡上，它就是那个隐居所的主人。当别的

阅读理解
作者的笔锋一转，把文章引向了本文的主旨——蟋蟀的家政。

昆虫在过着流浪生活，卧在露天里或枯叶和石头的下面，或老树的树皮下的时候，蟋蟀却是一个有固定居所的享有特权者。建造一所住房实在是一个重大的问题。不过这已为蟋蟀、兔子，最后为人类所解决。在我的邻近的地方，有狐狸和獾猎的洞穴，大部分是不整齐的岩石形成的。很少经过修整，只有个洞就算了。兔子要比它们聪明些，如果那里没有天然的洞穴，可使它住下以免外间的烦扰的话，它就拣它所欢喜的地方去挖掘住所。

蟋蟀比它们更要聪明得多。它轻视偶然碰到的隐处，它常常慎重地选择住宅的地址，一定要排水优良，并且有温和阳光的地方。它不利用既成的洞穴，因为不适宜，而且草率。它的别墅都是自己一点点掘的，从大厅一直到卧室。

除了人类，我没有看到建筑技术有比它高明的。就是人类，在掺和沙石和灰泥使它固结及用黏土涂壁的方法发明以前，还是以岩石为隐蔽所和野兽斗争的，为什么这样特别的本能，单独赋予这种低等动物呢？让它们有一个完善的住宅。它有一个家，它有平静的无上的舒服的退隐之所。同时在它附近的地方谁都不能住下来。除了我们人类以外，没有谁同它来争夺。

它怎么会有这样的才能呢？它有特别的工具吗？不，蟋蟀并不是掘凿技术的专家。实际上，人因为看到它的工具的柔弱，所以对这样的结果就引以为奇了。

是不是因为它皮肤太嫩，而需要一个住家呢？也不是，它的同类，有和它一样感觉灵敏的皮肤，但并不怕在露天下生活。那么它建筑住所的才能，是不是因它身体结构上的原因呢？它有没有做这项工作的特殊器官呢？没有，我附近地方，有三种别的蟋蟀，它们的外表、颜色、构造，都很像田野的蟋蟀，猛一看，常常都当是它。这些一个模子下来的同类，竟没有一个晓得怎么掘一个住所。一种双斑点的蟋蟀，住在潮湿地方的草堆里。孤独的蟋蟀，在园丁翻起的土块上跳来跳去；而波尔多蟋蟀，甚至毫无

阅读理解
设问句的运用让文章更有吸引力，也增加了文章的艺术性。

恐惧地闯到我们屋子里来，从八月到九月，在那些黑暗而凉爽的地方，小心地歌唱。

继续讨论这些问题，毫无意义。因为答案总是反面的。本能从来不把原因告诉我们。依靠身体上的工具来解释，也不能给我们多大的帮助，昆虫身上的东西，没有什么能给我们做解释，使我们能够知道它的原因的。这四种类似的蟋蟀中，只有一种能掘穴，所以如要知道本能的由来，还须更进一步去研究。

哪一个不晓得蟋蟀的家呢？哪一个人在儿童时代，到田野里去游戏的时候，没有到过这隐士的房屋前呢？无论你走得多么轻，它都能听得见你来了，并且立刻躲到隐蔽地方的底下去。当你到的时候，它早已离开了它的门前。

人人都知道，用什么方法将这隐匿者引逗出来，你拿起一根草，放在洞中去轻轻地转动。它以为上面发生了什么事情，这被搔痒和窘恼的蟋蟀从后面房间跑上来了，停在过道中，猜疑着，鼓动它的细触须打探。它渐渐跑到亮光处来，只要一跑出外面，就很容易被捉到，因为这些事，已经将它的简单的头脑弄昏了。如果第一次被它逃脱，它就会非常疑惧，不肯再出来。在这种情形之下，可以用一杯水将它冲出来。

我们的儿童时代，那时候真可羡慕，我们到草地去捉蟋蟀，养在笼子里，用莴苣叶喂它们。现在又到我这里来了，我搜索它们的窠，为了研究它们。儿童时代如同昨日一样，当我的同伴小保罗，一个利用草须的专家，在长时间的施行他的技术和忍耐以后，忽然兴奋地叫道："我捉住它了！我捉住它了！"快些，这里有一个袋子！我的小蟋蟀，你进去吧，你可安居在这里，还有丰足的饮食；不过你一定要告诉我们一些事情，第一件必须让我看看你的家。

阅读理解
作者的描写就像是和蟋蟀玩游戏一样，童趣盎然！

名家点拨

　　本文是对蟋蟀生活习性的一个简单的叙述。全文叙述流畅，内容非常丰富，细细读来，趣而不俗，生而不硬！

蟋蟀的魅力住屋

名家导读

几乎所有的小朋友都在草地上捉过蟋蟀。不过你知道蟋蟀的巢穴是什么样子的吗？你知道蟋蟀生活在什么地方吗？你知道蟋蟀是怎样筑巢的吗？

在朝着阳光的堤岸上，青草丛中，隐着一个倾斜的隧道，这里就是有骤雨，即刻也就会干的。这隧道最多是九寸深，不过一指宽，依着土地的天然状况或弯曲或成直线。差不多像定例一样，总有一丛草将这所住屋半掩着，其作用如一间门洞，将进出的孔道隐于阴影之下。蟋蟀出来吃周围的嫩草时，绝不碰及这一丛草。那微斜的门口，仔细耙扫，收拾得很广阔，这就是它的平台，当四围的事物都很平静时，蟋蟀就坐在这里弹它的四弦提琴。

屋子的内部并不奢华，有光泽，但并不粗糙的墙。住户很有闲暇去修理任何粗糙的地方。隧道之底就是卧室，这里比别处修饰得略精细，并且宽大些。大体上讲，是一个很简单的住所，非常清洁，没有潮湿，一切都合乎卫生的条件。从另一方面说来，假使我们想到蟋蟀用以掘地的工具的简单，这真是一件伟大的工程了。如果我们要知道它怎样做的和它什么时候开始做的，我们一定要从蟋蟀刚刚下卵的时候讲起。

蟋蟀像白面孔螽斯一样把卵单个地产在深约一寸的四分之三的土里。它将它们排列成群，大约总数有500到600个。这卵真是一种惊人的机械。

孵化以后，看来如一只不透光的灰白色的长瓶，顶上有一个圆而整齐的孔。孔边上有一顶小帽，像一个盖子。这盖的去掉，并不是因为蚱蟖在里面冲撞而破裂，而是沿着一条环绕着的线——一种预备下的抵抗力很弱的线条——自己裂开来的。卵产下两星期以后，前端坝出两个大而圆的黑点。在这两点的上面一点，正在长瓶的头顶上，你可以看见一条环绕着的薄薄的突起线。壳子将来就在这条线上裂开。不久，因卵的透明，可以允许我们看出这个小动物身上的节。现在是可注意的时候了，特别是在早上。必须有恒心才能有好运气，假使我们不断地到卵边去看，我们会得到报酬。在凸起的线的四周，壳的抵抗力已渐渐消失，卵的一端因此分开。因为被里面小动物的头部推动，它升起来，落在一边，好像小香水瓶的盖子，蟋蟀就从瓶里跳出来。

当它出去以后，卵壳还是长形的，依旧光滑、完整、浮白，帽子挂在口上的一边。鸡蛋的破裂，是被小鸡嘴尖上生的小硬瘤撞破的。蟋蟀的卵做得更机巧，和象牙盒子相似，能把盖打开。小动物的头顶，已足够做这件工作了。

我在上面说过，盖子去掉以后，一个幼小的蟋蟀跳出来，这句话还不十分正确。那里所出现的，是一个穿着裹紧的衣服，还不能辨别出来的襁褓中的蚱蟖。你应该记得，螽斯以同样的方法在土中孵化，当来到地面上时，也穿着一件保护身体的外衣的。蟋蟀和螽斯是同类，虽然事实上并不需要，但它也穿一件同样的制服。螽斯的卵留在地下有八个月之久，它出来时，必须和已经变硬的土壤搏斗，所以需要一件长衣保护它的长腿，但是蟋蟀比较短壮，而且卵在地下也不过几天，它出来时无非只要穿过粉状的泥土。为了这些理由，它不需要外衣，它就把它抛弃在壳子里了。当它脱去襁褓时，蟋蟀差不多完全是灰白色的，开始和当前的泥土战斗。它用大颚咬出来，将一些毫无抵抗力的泥土扫在旁边和踢到后面去。它很快地就在地面上享受着日光，并冒着和它

的同类冲突的危险。它是这样弱小的可怜虫，还不如一个跳蚤大。

二十四小时以后，它变成黑色，它的黑檀色足以和发育完全的蟋蟀媲美。它原来的灰白色所仅遗留下的只是一条白带围绕着胸部。它非常灵敏和活泼，不时用长而时常颤动的触须试探四周的情况，并且激烈地到处奔跑跳跃。总有一天，它会胖得不能如此任性地耍闹。

现在我们要看一看为什么母蟋蟀要生这么多的卵。这是因为多数的小动物要被处死刑的。它们被别种动物大量的屠杀，特别是被小形的灰蜥蜴和蚂蚁。蚂蚁这种讨厌的强盗，常常不留一只蟋蟀在我的花园里。它一口咬住这可怜的小动物，狼吞虎咽地将它们吞下。

唉，这个可恨的恶人，请想想看，我们还将蚂蚁放在高级的昆虫当中，为它写了很多书，赞不绝口。自然科学家对它很尊崇，日渐增加它的声誉。

做有益的清道夫工作的甲虫，并没有人去

理会，而吃人血的蚊虫，却每个人都知道。同时人们也知道带着毒剑的暴躁、虚夸的黄蜂及专做坏事的蚂蚁，后者在我们南方的村庄中，常常跑到别人家弄坏桷椽就好像吃无花果般的高兴。

我花园中的蟋蟀，被蚂蚁残杀尽，使我不得不跑到外面去寻找它们。八月，在落叶中的草还没有完全被太阳晒枯，我看到新生的蟋蟀已经比较的大，现在已全身都是黑色，白胸带的痕迹一些也不存在了。在这个时期，它的生活是流浪的，一片枯叶，一块扁石头，已足够应付它的需要了。

许多从蚂蚁口中逃脱残生的蟋蟀，现在做了黄蜂的牺牲品，它们猎取这些游行者，把它们贮藏在地下。它们如果提早几个星期掘住宅，就没有危险了。但它们从未想到，它们老守着旧习惯。

一直要到十月之末，寒气开始逼人时，它们才动手造窠穴。如果以我观察关在笼中的蟋蟀来判断，这项工作是很简单的。掘穴绝不在裸露的地面着手，而是常常在莴苣叶——残留下来的食物——掩盖的地点。这是替代草丛的，似乎为了使它的住宅秘密起见，那是不可缺少的。

这位矿工用前足扒土，并用大颚的钳子，拔去较大的砾块。我看到它用强有力的后足踏，后腿上有两排锯齿。同时我也看到它扫清尘土，推到后面，将它倾斜的铺开。这样，你可以知道它全部的方法了。

工作开始做得很快。在我笼子里的土中，它钻在底下两小时，它不时地到进出地道口来，但常常是向后面不停地扫着。如果它感到疲劳，它可以在未完工的家门口休息一会儿，头朝着外面，触须无力地在摆动。不久它又进去，用钳子和耙继续工作。后来休息的时间渐渐加长，使我有些不耐烦了。

工作最重要的部分已经完成。洞有两寸深，已足供暂时的需用了。余下的是长时间的工作，可以慢慢地做，今天做一点，明

阅读理解

新生的蟋蟀还要经过重重的困难，才能逐渐长大，变得强壮起来。

天做一点。这个洞可以随天气的变冷和身体的增大而加深加阔。即使在冬天，只要气候还比较温和，太阳晒在住宅的门口时，还是可以看见蟋蟀从里面抛出泥土来。在春季享乐的天气里，这住宅的修理工作仍然继续不已。改良和修饰的工作，总是不断地在进行着，直到主人死去。

四月之末，蟋蟀开始唱歌；最初是生疏而羞涩的独唱，不久，就成合奏乐，每块泥土都夸赞它的奏乐者了。我乐意将它列于春天唱歌者之首。在我们的废地上，百里香和欧薄荷盛开时，百灵鸟如火箭似的飞起来，放开喉咙歌唱，将甜美的歌曲，从天空散布到地上。下面的蟋蟀，唱歌相和。它们的歌单调而无艺术性，但它的缺乏艺术性和它苏生之单纯喜悦正相适合，这是惊醒的歌颂，也是萌芽的种子和初生的叶片所了解的歌颂。对于这种二重奏，我敢说蟋蟀是优胜者。拿它的数目和不间断的音节来说，是当之无愧的。摇荡在日光下，散布着芬芳的欧薄荷，把田野染成灰蓝色，即使百灵鸟停止了歌声，田野仍然可以由这些淳朴的歌手得到一曲赞美之歌。

名家点拨

　　蟋蟀常栖息于地表、砖石下、土穴中、草丛间；夜出活动；杂食性，吃各种作物、树苗、菜果等。不过在法布尔的笔下，关于蟋蟀的巢穴或者住房，更有意思。全文语言生动活泼，尤其是诸多拟人化的语言的运用，让人读起来非常轻松。

蟋蟀神奇的乐器

名家导读

　　每个宁静的夏夜，草丛中便会传来阵阵清脆悦耳的鸣叫声。听，蟋蟀们又在开演唱会了！蟋蟀优美动听的歌声并不是出自它的好嗓子，而是它的翅膀。仔细观察，你会发现蟋蟀在不停地振动双翅，难道它是在振翅欲飞吗？当然不是了，翅膀就是它的发声器官。

　　为了科学的研究，我们可以很直率地对蟋蟀说："将你的乐器给我们看看。"

　　像各种真有价值的东西一样，它是非常简单的。它的构造和螽斯的乐器是根据同样的原理，它只是一只弓，弓上有一只钩子和一种振动膜。右翼鞘盖着左翼鞘，差不多完全遮盖着，除却后面及折转包在体侧的一部分。这种样式与我们先前看到的蚱蜢、螽斯及其同类者相反。蟋蟀是右面的遮盖着左面的，而蚱蜢等，却是左面的遮盖右面的。

　　两个翼鞘的构造完全一样，知道这一个，就知道那一个。它们平铺在蟋蟀的背上，旁边突然斜下成直角，紧裹着身体，上面有细脉。

　　如果你把两个翼鞘其中的一个揭开，朝着亮光，你可以见到那是极淡的淡红色的，除却两个联结着的地方，前面是一个大三角形的，后面是一个小椭圆形的。上面有模糊的皱纹，这两处地方就是发声器。此处的皮是透明的，比别处要细密些，但是微带烟灰色。

　　在前头那一部分的后面边沿上，有两个弯曲而平行的脉，这脉线的当中有一个空隙。空隙中有五条或六条黑的皱纹，看来好像梯子的梯级。它们是供摩擦用的，增加弓的接触点的数目，可以使振动加强。

在下面，围绕空隙的两条脉之一，成为肋状，切成钩的样子。这就是弓。它生着约一百五十个三角形的齿，排列得很整齐，很合几何的原理。

这确实是精良的乐器。弓上的一百五十个齿，嵌在对面翼鞘的梯级里，使四个发声器同时振动；下面的一对直接摩擦而发声，上面的一对是由于摩擦器械的振动而发声。它用四只发音器能将音乐传到数百码以外，这声音是如何的急促啊！

阅读理解
这确实是精良的乐器，不管是发声器官，还是发声原理，都对得起"精良"二字。

它的声音可以与蝉的清亮相抗，而不像蝉的声音那样粗鲁。它的优点是它知道怎样调节它的歌曲。我已说过，翼鞘向两方面伸出，非常开阔，这就是制音器。把它放低一点，能改变声音的强度。根据它们与蟋蟀柔软身体接触的程度，可以使蟋蟀随意用柔和的音调低唱，或用响亮的音调高歌。

两个翼盘的完全相似，是很值得注意的。我可以清楚地看到上面弓的作用和四个发音地方的动作，但是下面的一个，那左翼的弓有什么用处呢？它并不放在任何东西上，同样装饰着齿的钩子却无处可敲。它完全没用，除非两部分的器具能调换位置，把下面的可以放到上面去。如果这件事可以办到，它的器具的功用还是和先前相同，不过利用现在没有用的那只弓演奏了。下面的弓变成上面的，所奏的调子还是一样的。

最初我以为蟋蟀两只弓都用，至少它们有些是用左面一只的。但是观察的结果，与我的想象相反。所有我考察过的蟋蟀——数目很多——都是右翼鞘盖在左翼鞘上面的，没有一个例外。

我甚至用人为的方法来做这自然不肯指示我们的事情。我非常轻巧的，绝不碰坏翼鞘，用我的钳子，把左翼鞘放在右翼鞘上。只要有一点技巧和忍耐心，这是非常容易做到的。事情的各

方面都很好：肩上没有脱臼，翼膜也没有折皱。

我很希望蟋蟀在这个状态下能歌唱，但不久我就失望了。它开始忍耐了一会儿，但是不久感觉到不舒服，努力将它的器具回复原来的状态。我弄了好几回，但是蟋蟀的顽固胜过了我。

后来我想，我这种实验应该在它的翼鞘还是新而软的时候做，就是在蛴螬刚刚蜕下皮的时候。我正好得到一个正在蜕化的蛴螬。在这个时期，它未来的翼和翼鞘就好像四个极小的薄片，它的短小的形状，和它那种朝着不同方向平铺的样子，使我想到奥汾涅那里的制干酪者所穿的短马甲。这蛴螬不久脱去了这件衣服。翼鞘一点一点长大，渐渐地张开。这时还看不出哪一扇翼鞘将盖在上面。后来两边相接了；又过一会，右边的就要盖到左边的上面去了。这是我加以干涉的时候了。

我用一根草轻轻地调换它们的位置，使左翼鞘的边盖在右面上。蟋蟀虽然有些反抗，但是终究我成功了，左面的翼鞘稍稍推向前方，虽然只有一点点。于是我就不管了，翼鞘就在这变换过的位置下长大。蟋蟀变成左右发展的了。我很希望它能用它家庭中从未用过的琴弓。第三天上，它就

开始了。听到几声摩擦的声音，好像机器的齿轮不相密合，在把它凑好。然后调子开始了，还是它固有的音调。

唉！我过于信任那根草了。我以为已造成一种新式奏乐师，然而我一无所得！蟋蟀仍然拉它右面的琴弓，而且常常如此拉。它拼命地努力，将我颠倒旋转的翼鞘放在原来的位置上，以致肩膀脱臼，现在它已将应该放在上面的仍放在上面，应该放在下面的仍放在下面了。我以欠缺的科学方法，想把它做成左手的弹奏者。它嘲笑我的计谋，它还是用右手终其一生。

乐器已讲得够了，让我们听听它的音乐吧！蟋蟀是在温和的阳光之下，在它的门口唱歌，从不在屋里唱的。翼鞘发出克利克利的柔和振动声。音调圆满、响朗而精美，而且无休止地继续下去。整个春天的寂寞时光就这样消遣过去。这隐士最初的歌是为了自己快乐。它在歌颂照在它身上的阳光、供给它食物的青草和给它居住的平安隐地。它的弓的第一个目的，是歌颂它生存的快乐。到后来，它为了它的伴侣

而弹奏。但是据实说来，它的这种关心并没有受到感谢的回报；因为到后来它和它争斗得很凶，除非它逃走，也常会弄成残废，甚至有被对方吃掉的情形。不过无论如何，它不久总要死的，就是它逃脱了好争斗的伴侣，它六月里也要灭亡的。听说喜欢音乐的希腊人，常将蝉养在笼子里，倾听它们的歌声。然而我不敢相信这回事。

第一，它的烦嚣的声音，如靠近听，耳朵是很难受的。习惯优美音乐的希腊人恐怕不见得爱听这种粗粝的、田野间的音乐吧！第二，蝉是不能养在笼子里的，除非我们连洋橄榄树或筱悬木一齐都罩在里面。并且只要关住它一天工夫，就会使这高飞的昆虫厌倦而死的。

将蟋蟀误为蝉，好像将蝉误作蚱蜢，事实并非不可能。——如果这说的是蟋蟀，那就对了。它能很愉快地忍受囚禁。由于它那种不出家门的生活方式，使得它能在笼子里安之若素。只要它每天有莴苣叶子吃，就是关在不及拳头大的笼子里，它也生活得很快乐，不住地叫。雅典小孩子挂在窗口笼子里养的，不就是它吗？布罗温司的小孩子以及南方各处的，都有同样的嗜好。至于在城里，蟋蟀更成孩子们宝贵的财产了。这种虫，受宠爱、吃美食，对孩子们唱乡间的快乐之歌。它的死能使全家的人都感到悲哀。

阅读理解
善于歌唱的蟋蟀实际上是非常乐观的，因为它很容易自我满足。

我们附近的其他三种蟋蟀，都有同样的音乐器具，不过微细处稍有不同。它们的歌在各方面都很相像，只是身材大小不一样。有时到我家厨房的黑暗处来的波尔多蟋蟀，是一族中之最小者，它的歌声很轻微，必须侧耳静听才能听得见。

阅读理解
简单描述了三种蟋蟀的形态特征和歌声的区别。

田野间的蟋蟀，在春天阳光最足的时候歌唱，在寂静的夏夜，我们就听到意大利的蟋蟀了。它是个瘦弱的昆虫，颜色发淡，差不多成白色，似乎和它夜间行动的习惯相适合。如果你将它放在手指中，你就怕会把它捏扁。它喜欢高高地住在空中、各种灌木丛里或比较高的草上，很少爬下地面来。七月至十月这些炎热的晚上，它甜蜜的歌声，从太阳落山起，继续至半夜不止。

布罗温司的人都熟悉它的歌，因为在最小的灌木丛中也有它的乐队。很柔和很慢的克利克利的声音，加以轻微的颤音，格外有意思。如果没有什么事打扰它，这种声韵始终不改变，但是只要有一点响声，它就变成了一个口技表演者。你本来听见它很靠近的在你前面歌唱，忽然你听起来它已在15码以外了。你向着这个声音走去，它并不在那里，声音还是从原来的地方来的。其实，也并不对。这声音是从左面，还是后面来的呢？完全被它弄糊涂了，简直找不出歌声发出的地点。

距离不定的幻声，是由两种方法构成的。声音的高低与抑扬，依照下翼鞘受弓压抑的部分而不同，同时它们也受翼鞘位置的影响。如要高的声音，翼鞘就抬得很高；如要低的声音，翼鞘就低一点下来。淡色蟋蟀要迷惑捉它的人，把颤动板的边缘紧压它柔软的身体。

在八月夜深人静的晚上，我所知道的昆虫中，没有歌声比它更动人、更清晰了。我常常卧在我哈麻司里迷迭香丛中的草地上，静听这种悦耳的音乐。意大利蟋蟀群集在我的小园中。每一株开着红花的野玫瑰上，都有它的歌手，欧薄荷上也有很多。野草莓树、小松树，也都变成音乐场。并且它的声音清澈，富有美感，所以在这小世界中，从每丛小树到每一根树枝上，都飘出颂扬生动的快乐之歌。

阅读理解
和天上的繁星比较起来，蟋蟀的生命似乎更具有魅力，这表达了作者对生命的热爱。

在我高高的头顶上，天鹅飞翔于银河之间，下面围绕着我的，有昆虫的音乐，时起时息。微小的生命，诉说它的快乐，使我忘记了星辰的美景。那些天眼，向下看着我，静静的、冷冷的，但一点不能打动我内在的心弦。为什么呢？它们缺少大秘密——生命。确实的，我们的理智告诉我们：天上的恒星群，晒暖了许多像我们这样的世界。不过究竟说来，这种信念也等于一种猜想，这不是一件确定无疑的事。

相反的，我的蟋蟀，我因为和你们在一起使我感到生命的蓬勃，这是我们躯体中的活力。这就是我为什么不看天上的星辰，而将我的注意力集中于你们的夜歌了！一个活的微点——最小最小的有生命的一粒——能够知道快乐和痛苦，比无限大的单纯的物质，更能引起我的无穷兴趣。

名家点拨

　　每一个夏日，蟋蟀的叫声都会按时在我们的耳边响起。那么，蟋蟀是如何发声的呢？难道它真的有一把乐器？它的乐器是怎么样的？法布尔用一种非常轻松的行文方式向我们介绍了蟋蟀的发音过程和蟋蟀独特的"乐器"。全文结构合理，中心明确，不失为一篇上佳的小品散文。

可怕的狼蛛

名家导读 ✽

　　本文的主角是狼蛛。作者多角度描述了狼蛛的外貌、战斗能力、毒素、猎食能力、产卵和孵化，让我们对狼蛛的生活习性有了一个大致的了解。小朋友，你一定会喜欢读的！不信试试看吧！

　　蜘蛛有一个很坏的名声：大多数人都认为它是一种可怕的动物，一看到它就想把它一脚踩死，这可能和蜘蛛狰狞的外表有关。不过一个仔细的观察家会知道，它是十分勤奋的劳动者，是天才的纺织家，也是狡猾的猎人，并且在其他方面也很有意思。

　　所以，即使不从科学的角度看，蜘蛛也是一种值得研究的动物。但大家都说它有毒，这便是它最大的罪名，也是大家都惧怕它的原因。不错，它的确有两颗毒牙，可以立刻致它的猎物于死地。如果仅从这一点出发，我们的确可以说它是可怕的动物，可是毒死一只小虫子和谋害一个人是两件迥然不同的事情。不管蜘蛛能怎样迅速地结束一只小虫子的生命，对于人类来说，都不会有比蚊子的一刺更可怕的后果了。所以，我可以大胆地说，大部分的蜘蛛都是无辜的，它们莫名其妙地被冤枉了。

　　不过，有少数种类的蜘蛛的确是有毒的。据意大利人说，狼蛛的一刺能使人痉挛而疯狂地跳舞。要治疗这种病，除了音乐之外，再也没有别的灵丹妙药了。并且只有固定的几首曲子治疗这

阅读理解
看待任何事物都要科学客观，不能一概而论。看待狼蛛也是如此。

昆虫记

种病特别灵验。这种传说听起来有点可笑，但仔细一想也有一定道理。

狼蛛的刺或许能刺激神经而使被刺的人失去常态，只有音乐能使他们镇定而恢复常态，而剧烈地跳舞能使被刺中的人出汗，因而把毒驱赶出来。

在我们这一带，有最厉害的黑肚狼蛛，从它们身上可以得知蜘蛛的毒性有多大。我家里养了几只狼蛛，让我把它介绍给你，并告诉你它是怎样捕食的吧！

这种狼蛛的腹部长着黑色的绒毛和褐色的条纹，腿部有一圈圈灰色和白色的斑纹。它最喜欢住在长着百里香的干燥沙地上。我那块荒地，刚好符合这个要求，这种蜘蛛的穴大约有20个以上。我每次经过洞边，向里面张望的时候，总可以看到四只大眼睛。这位隐士的四个望远镜像金钢钻一般闪着光，在地底下的四只小眼睛就不容易看到了。

阅读理解
对狼蛛的生活习
性和外貌的简单
交待。

狼蛛的居所大约有一尺深，一寸宽，是它们用自己的毒牙挖成的，刚刚挖的时候是笔直的，以后才渐渐地打弯。洞的边缘有一堵矮墙，是用稻草和各种废料的碎片甚至是一些小石头筑成的，看上去有些简陋，不仔细看还看不出来。有时候这种围墙有一寸高，有时候却仅仅是地面上隆起的一道边。

我打算捉一只狼蛛。于是我在洞口舞动一根小穗，模仿蜜蜂的嗡嗡声。我想狼蛛听到这声音会以为是猎物自投罗网，马上会冲出来。可是我的计划失败了。那狼蛛倒的确往上爬了一些，想试探这到底是什么东西发出的声音，但它立刻嗅出这不是猎物而是一个陷阱，于是一动不动地停在半途，坚决不肯出来，只是充满戒心地望着洞外。

看来要捉到这只狡猾的狼蛛，唯一的办法就是用活的蜜蜂做诱饵。于是我找了一只瓶子，瓶子的口和洞口一样大。我把一只土蜂装在瓶子里，然后把瓶口罩在洞口上。这强大的土蜂起先只是嗡嗡直叫，歇斯底里地撞击着这玻璃囚室，拼命想冲出这可恶的地方。当它发现有一个洞口和自己的洞口很像的时候，便毫不犹豫地飞进去了。它实在是愚蠢得很，走了那么一条自取灭亡的路。当它飞下去的时候，那狼蛛也正在匆匆忙忙往上赶，于是它们在洞的拐弯处相撞了。不久我就听到了里面传来一阵死亡时的惨叫——那只可怜的土蜂！这以后便是一段很长的沉默。我把瓶子移开，用一把钳子到洞里去探索。我把那土蜂拖出来，它已经死了，正像刚才我所想象的那样。一幕悲剧早已在洞里发生了。这狼蛛突然被夺走了从天而降的猎物，愣了一下，实在舍不得放弃这肥美的猎物，急急地跟上来，于是猎物和打猎的都出洞了，我赶紧趁机用石子把洞口塞住。这狼蛛被突如其来的变化惊呆了，一下子变得很胆怯，在那里犹豫着，不知该怎么办才好，根本没有勇气逃走。不到一秒钟工夫，我便毫不费力地用一根草把它拔进一个纸袋里。

我就用这样的办法诱它出洞，然后捉拿归案。不久我的实验室里就有了一群狼蛛。

我用土蜂去引诱它，不仅仅是为了捉它，而且还想看看它怎样猎食。我知道它是那种每天都要吃新鲜食物的昆虫，而不是像甲虫那样吃母亲为自己储藏的食物，或者像黄蜂那样有奇特的麻醉术可以将猎物的新鲜程度保持到两星期之后。它是一个凶残的屠夫，一捉到食物就将其活活地杀死，当场吃掉。

狼蛛得到它的猎物确实也不容易，也须冒很大的风险。那有着强有力的牙齿的蚱蜢和带着毒刺的蜂随时都可能飞进它的洞去。说到武器，这两方不相上下。究竟谁更胜一筹呢？狼蛛除了它的毒牙外没有别的武器，它不能像条纹蜘蛛那样放出丝来捆住敌人。它唯一的办法就是扑在敌人身上，立刻把它杀死。它必须把毒牙刺入敌人最致命的地方。虽然它的毒牙很厉害，可我不相信它在任何地方轻轻一刺而不是刺中要害就能取了敌人的性命。

阅读理解
穷凶极恶的狼蛛
原来也有胆怯和
退缩的时候。

昆虫记

与木匠蜂作战

我已经讲过狼蛛生擒土蜂的故事，可这还不能使我满足，我还想看看它与别种昆虫作战的情形。于是我替它挑了一种最强大的敌手，那就是木匠蜂。这种蜂周身长着黑绒毛，翅膀上嵌着紫线，差不多有一寸长。它的刺很厉害，被它刺了以后很痛，而且会肿起一块，很久以后才消失。我之所以知道这些，是因为曾经身受其害，被它刺过。它的确是值得狼蛛去决一胜负的劲敌。

我捉了几只木匠蜂，把它们分别装在瓶子里。又挑了一只又大又凶猛并且饿得正慌的狼蛛，我把瓶口罩在那只穷凶极恶的狼蛛的洞口上，那木匠蜂在玻璃囚室里发出激烈的嗡嗡声，好像知道死期临头似的。狼蛛被惊动了从洞里爬了出来，半个身子探出洞外，它看着眼前的景象，不敢贸然行动，只是静静地等候着。我也耐心地等候着。一刻钟过去了，半个小时过去了，什么事都没有发生，狼蛛居然又若无其事地回到洞里去了。大概它觉得不对头，贸然去捕食的话太危险了。我照这个样子又试探了其他几只狼蛛，我不信每一只狼蛛都会这样面对丰盛的美食而无动于衷，于是继续一个一个地试探着，都是这个样子，总对"天上掉下的猎物"怀有戒心。

最后，我终于成功了。有一只狼蛛猛烈地从洞里冲出来，无疑，它一定饿疯了。就在一眨眼间，恶斗结束了，强壮的木匠蜂已经死了。凶手把毒牙刺到它身体的哪个部位呢？是在它的头部后面。狼蛛的毒牙还咬在那里，我怀疑它真具有这种知识：它能不偏不倚正好咬在唯一能致其于死地的地方，也就是它的俘虏的神经中枢。

我做了好几次试验，发现狼蛛总是能在转眼之间干净利落地把敌人干掉，并且作战手段都很相似。现在我明白了为什么在前几次试验中，狼蛛会只看着洞口的猎物，却迟迟不敢出击。它的犹豫是

阅读理解
为后文渲染狼蛛的凶残本性埋下了绝好的伏笔。

阅读理解
狼蛛的凶残在这里体现得淋漓尽致。

有道理的。像这样强大的昆虫，它不能冒失鲁莽地去捉，万一它没有击中其要害的话，那它自己就完蛋了。因为如果蜂没有被击中要害的话，至少还可活上几个小时，在这几个小时里，它有充分的时间来回市敌人。狼蛛很知道这一点，所以它要守在安全的洞里，等待机会，直到等到那大蜂正面对着它，头部极易被击中的时候，它才立刻冲出去，否则绝不用自己的生命去冒险。

狼蛛的毒素

让我来告诉你，狼蛛的毒素是一种多么厉害的暗器。

我做了一次试验，让一只狼蛛去咬一只羽毛刚长好的将要出巢的幼小的麻雀。麻雀受伤了，一滴血流了出来，伤口被一个红圈圈着，一会儿又变成了紫色，而且这条腿已经不能用了，使不上劲。小麻雀只能用单腿跳着。

阅读理解
从侧面渲染狼蛛的毒性之强。

除此之外它好像也没什么痛苦，胃口也很好。我的女儿同情地把苍蝇、面包和杏酱喂给它吃，这可怜的小麻雀做了我的试验品。但我相信它不久以后一定会痊愈，很快就能恢复自由——这也是我们一家共同的愿望和推测。十二个小时后，我们对它的伤情仍然挺乐观的。它仍然好好地吃东西，喂得迟了它还要发脾气。可是两天以后，它不再吃东西了，羽毛零乱，身体缩成一个小球，有时候一动不动，有时候发出一阵痉挛。我的女儿怜爱地把它捧在手里，呵着气使它温暖。可是它痉挛得越来越厉害，次数越来越多，最后，它终于离开了这个世界。

那天的晚餐席上透着一股寒气。我从一家人的目光中看出他们对我的这种试验的无声的抗议和责备。我知道他们一定认为我太残忍了。大家都为这只不幸的小麻雀的死而悲伤。我自己也很懊悔：我所要知道的只是很小的一个问题，却付出了那么大的代价。

尽管如此，我还是鼓起勇气试验一只鼹鼠，它是在偷田里的莴

茛时被我们捉住的，所以即使它死于非命也不足为惜。我把它关在笼子里，用各种甲虫、蚱蜢喂它，它大口大口贪婪地吃着，被我养得胖胖的，健康极了。

我让一只狼蛛去咬它的鼻尖。被咬过之后，它不住地用它的宽爪子挠抓着鼻子。因为它的鼻子开始慢慢地腐烂了。从这时开始，这只大鼹鼠食欲渐渐不振，什么也不想吃，行动迟钝，我能看出它浑身难受。到第二个晚上，它已经完全不吃东西了。大约在被咬后三十六小时，它终于死了。笼里还剩着许多的昆虫没有被吃掉，证明它不是被饿死的，而是被毒死的。

阅读理解
再一次用鼹鼠的死来渲染狼蛛的毒性之强。

所以狼蛛的毒牙不只能结束昆虫的性命，对一些稍大一点的小动物来说，也是危险可怕的。它可以致麻雀于死地，也可以使鼹鼠毙命，尽管后者的体积要比它大得多。虽然后来我再没有做过类似的试验，但我可以说，我们千万要小心戒备，不要被它咬到，这实在不是一件可以拿来试验的事。现在，我们试着把这种杀死昆虫的蜘蛛和麻醉昆虫的黄蜂比较一下。蜘蛛，因为它自己靠新鲜的猎物生活，所以它咬昆虫头部的神经中枢，使它立刻死去；而黄蜂，它要保持食物的新鲜，为它的幼虫提供食物，因此它刺在猎物的另一个神经中枢上，使它失去了动弹的能力。相同的是，它们都喜欢吃新鲜的食物，用的武器都是毒刺。

没有谁教它们怎样根据自己的需要分别用不同的方法对待猎物，它们生来就明白这一点。这使我们相信冥冥之中，世界上的确有着一位万能的神在主宰着昆虫，也统治着人类世界。

狼蛛猎食

我在实验室的泥盆里，养了好几只狼蛛。从它们那里，我看到狼蛛猎食时的详细情形。这些做了我的俘虏的狼蛛的确很健壮。它们的身体藏在洞里，脑袋探出洞口，玻璃般的眼睛向四周张望，腿缩在一起，做着准备跳跃的姿势，它就这样在阳光下静静地守候着，一两个小时，不知不觉就过去了。

如果它看到一只可做猎物的昆虫在旁边经过，它就会像箭一般地跳出来，狠狠地用它的毒牙打在猎物的头部，然后露出满意又快乐的神情，那些倒霉的蝗虫、蜻蜓和其他许多昆虫还没有明白过来是怎么回事，就做了它的盘中美餐。它拖着猎物很快地回到洞里，也许它觉得在自己家里用餐比较舒适吧。它的技巧以及敏捷的身手令人叹为观止。

阅读理解
对狼蛛猎食过程的形象而生动的描写。

如果猎物离它不太远，它纵身一跃就可以扑到，很少有失手的时候。但如果猎物在很远的地方，它就会放弃，决不会特意跑出来穷追不舍。看来它不是一个贪得无厌的家伙，不会落得一个"鸟为食亡"的下场。

从这一点可以看出狼蛛是很有耐性，也很有理性的。因为在洞里没有任何帮助它猎食的设备，它必须始终傻傻地守候着。如果是没有恒心和耐心的虫子，一定不会这样持之以恒，肯定没多久就退回到洞里去睡大觉了。可狼蛛不是这种昆虫。它确信，猎物今天不来，明天一定会来；明天不来，将来也总有一天会来。在这块土地上，蝗虫、蜻蜓之类多得很，并且它们又总是那么不谨慎，总有机会刚好跳到狼蛛近旁。所以狼蛛只需等待时机一到，它就立刻窜上去捉住猎物，将其杀死。或是当场吃掉，或者拖回去以后吃。

虽然狼蛛很多时候都是"等而无获"，但它的确不大会受到饥饿的威胁，因为它有一个能节制的胃。它可以在很长一段时间内不吃东西而不感到饥饿。比如我那实验室里的狼蛛，有时候我会连续一个星期忘了喂食，但它们看上去照样气色很好。在饿了很长一段时间后，它们并不见得憔悴，只是变得极其贪婪，就像狼一样。

阅读理解
揭开了狼蛛之所以贪婪凶残的原因。

在狼蛛还年幼的时候，它还没有一个藏身的洞，不能躲在洞里"守洞待虫"，不过它有另外一种觅食的方法。那时它也有一个灰色的身体，像别的大狼蛛一样，就是没有黑绒腰裙——那个要到结婚年龄时才能拥有。它在草丛里徘徊着，这是真正的打猎。当小狼蛛看到一种它想吃的猎物，就冲过去蛮横地把它赶出巢，然后紧迫不舍，那亡命者正预备起飞逃走，可是往往来不及了——小狼蛛已经扑上去把它逮住了。

我喜欢欣赏我那实验室里的小狼蛛捕捉苍蝇时那种敏捷的动作。苍蝇虽然常常歇在两寸高的草上，可是只要狼蛛猛然一跃，就能把它捉住。猫捉老鼠都没有那么敏捷。但是这只是狼蛛小时候的故事，因为它们身体比较轻巧，行动不受任何限制，可以随心所欲。以后它们要带着卵跑，不能任意地东跳西窜了。所以它就先替自己挖个洞，整天在洞口守候着，这便是成年蜘蛛的猎食方式。

狼蛛的卵袋

假如你听到这可怕的狼蛛怎样爱护自己的家庭的故事，你一定会在惊异之余改变对它的看法。

在八月的一个清晨，我发现一只狼蛛在地上织一个丝网，大小和一个手掌差不多。这个网很粗糙，样子也不美观，但是很坚固。这就是它将要工作的场所，这网能使它的巢和沙地隔绝。在这网上，它用最好的白丝织成一片大约有一个硬币大小的席子，它把席子的边缘加厚，直到这席子变成一个碗的形状，周围圈着一条又宽又平的边，它在这网里产了卵，再用丝把它们盖好，这样我们从外面看，只看到一个圆球放在一条丝毯上。

然后它就用腿把那些攀在圆席上的丝一根根抽去，再把圆席卷上来，盖在球上，最后用牙齿拉，用扫帚般的腿扫，直到它把藏卵的袋从丝网上拉下来为止，这可是一项费神费力的工作。

这袋子是个白色的丝球，摸上去又软又黏，大小像一颗樱桃。如果你仔细观察，那么你会发现在袋的中央有一圈水平的折痕，那里面可以插一根针而不致于把袋子刺破。这条折纹就是那圆席的边。圆席包住了袋子的

下半部，上半部是小狼蛛出来的地方。除了母蜘蛛在产好卵后铺的丝以外，再也没有别的遮蔽物了。袋子里除了卵以外，也没有别的东西，不像条纹蜘蛛那样，里面衬着柔软的垫褥和绒毛。狼蛛不必担心气候对卵的影响，因为在冬天来临之前，狼蛛的卵早已孵化了。母蛛整个早晨都在忙着编织袋子。现在它累了。它紧紧抱着它那宝贝小球，静静地休息着，生怕一不留神就把宝贝丢了。第二天早晨，我再看到它的时候，它已经把这小球挂到它身后的丝囊上了。

差不多有三个多星期，它总是拖着那沉重的袋子。不管是爬到洞口的矮墙上的时候，还是在遭到了危险急急退入地洞的时候，或者是在地面上散步的时候，它从来不肯放下它的宝贝小袋。如果有什么意外的事情使这个小袋子脱离它的怀抱，它会立刻疯狂地扑上去，紧紧地抱住它，并准备好反击那抢它宝贝的敌人。接着它很快地把小袋挂到丝囊上，很不安地带着它匆匆离开这个是非之地。

阅读理解
如果狼蛛真的如作者描写的这样，那我们对狼蛛的态度确实应该改变一下了。

在夏天将要结束的那几天里，每天早晨，太阳已经把土地烤得很热的时候，狼蛛就要带着它的小袋从洞底爬出洞口，静静地趴着。初夏的时候，它们也常常在太阳高挂的时候爬到洞口，沐浴着阳光小睡。不过现在，它们这么做完全是为了另外一个目的。以前狼蛛爬到洞口的阳光里是为了自己，它躺在矮墙上，前半身伸出洞外，后半身藏在洞里。它让太阳光照到眼睛上，而身体仍在黑暗中；现在它带着小袋，晒太阳的姿势刚好相反：前半身在洞里，后半身在洞外。它用后腿把装着卵的白球举到洞口，轻轻地转动着它，让每一部分都能受到阳光的沐浴。这样足足晒了半天，直到太阳落山。它的耐心实在令人感动，而且它不是一天两天这样做，而是在三四个星期内天天这样做。鸟类把胸伏在卵上，它的胸能像火炉一样供给卵充分的热量；狼蛛把它的卵放在太阳底下，直接利用这个天然的大火炉。

狼蛛的幼儿

在九月初的时候，小狼蛛要准备出巢了。这时小球会沿着折痕裂开。它是怎么裂开的呢？会不会是母蛛觉察到里面有动静，所以在一个适当的时候把它打开了？这也是可能的。但从另一方面看，也可能是那小球到了一定时间自己裂开的，就像条纹蜘蛛的卵球一样。条纹蜘蛛出巢的时候，它们的母亲早已过世多时了。所以只有靠卵球的自动裂开，孩子们才能出来。

而这些小狼蛛出来以后，就爬到母亲的背上，紧紧地挤着，大约有200只之多，像一块树皮似的包在母蛛身上。至于那袋，在孵化工作完毕的时候就从丝囊上脱落下来，被抛在一边当垃圾了。这些小狼蛛都很乖，它们不乱动，也不会为了自己挤上去而把别人推开。它们只是静静地歇着。它们在干什么呢？它们是让母亲背着它们到处去逛。而它们的母亲，不管是在洞底沉思，还是爬出洞外去晒太阳，总是背着一大堆孩子一起跑，它从不会把这件沉重的外衣甩掉，直到好季节的降临。

这些小狼蛛在母亲背上吃些什么呢？照我看来，它们什么也没吃。我看不出它们长大，它们最后离开母亲的时候，和它们刚从卵里出来的时候大小完全一样。

在坏的季节里，狼蛛母亲自己也吃得很少。如果我捉一只蝗虫去喂它，常会过了很久以后它才开口。为了保持元气，它有时候不得不出来觅食，当然，它还是背着它的孩子。

如果在三月里，当我去观察那些被风雨或霜雪侵蚀过的狼蛛的洞穴的时候，总可以发现母蛛在洞里，仍是充满活力的样子，背上还是背满了小狼蛛。也就是说，母蛛背着小蛛们活动，至少要经过五六个月。著名的美洲背负专家——鼹鼠，它也不过把孩子们背上几个星期就把它们送走了，和狼蛛比起来，真是小巫见大巫了。

▶ 81

昆虫记

背着小狼蛛出征是很危险的，这些小东西常常会被路上的草拨到地上。如果有一只小狼蛛跌落到地上，它将会遭遇什么命运呢？它的母亲会不会想到它，帮它爬上来呢？绝对不会。一只母蛛需要照顾几百只小蛛，每只小蛛只能分得极少的一点爱。所以不管是一只、几只或是全部小狼蛛从它背上摔下来，它也决不为它们费心。它不会让孩子们依靠别人的帮助解决难题，它只是静静地等着，等它们自己去解决困难，事实上这困难并不是不能解决，而且往往解决得很迅速、很利落。

我用一支笔把我实验室中的一个母狼蛛背上的小蛛刮下，母亲一点儿也不显得惊慌，也不准备帮助它的孩子，继续若无其事地往前走。那些落地的小东西在沙地上爬了一会儿，不久就都攀住了它们母亲身体的一部分：有的在这里攀住了一只脚，有的在那里攀住一只脚。好在它们的母亲有不少脚，而且撑得很开，在地面上摆出一个圆，小蛛们就沿着这些柱子往上爬，不一会儿，这群小蛛又像原来那样聚在母亲背上了。没有一只会漏掉。在这样的情况下，小狼蛛很会自己照顾自己，母亲从不需为它们的跌下而费心。

在母蛛背着小蛛的七个月里，它究竟喂不喂它们吃东西呢？当它猎取了食物后，是不是邀孩子们共同享受呢？起初我以为一定是这样的，所以我特别留心母蛛吃东西时的情形，想看看它怎样把食物分给那么多的孩子们。通常母蛛总是在洞里吃东西，不过有时候偶然也到门口就着新鲜空气用餐。只有在这时候我才有机会，看到这样的情形：当母亲吃东西的时候，小蛛们并不下来吃，连一点要爬下来分享美餐的意思都没有。好像丝毫不觉得食物诱人一样，它们的母亲也不客气，没给它们留下任何食物。母亲在那儿吃着，孩子们在那儿张望着——不，确切地说，它们仍然伏在妈妈的背上，似乎根本不知道"吃东西"是怎样一种概念。在它们的母亲狼吞虎咽的时候，它们安安静静地待在那儿，

阅读理解
作者对新生狼蛛生活习性的描写，让我们对狼蛛的生活有了客观而感性的了解。

一点儿也不觉得馋。

那么，在爬在母亲背上整整七个月的时间里，它们靠什么吸取能量、维持生命呢？你或许会猜想它们不会是从母亲的皮肤上吸取养料的吧？我发现并不是这样的。因为据我观察，它们从来没有把嘴巴贴在母亲的身上吮吸。而那母蛛，也并不见得瘦削和衰老，它还是和以往一样神采奕奕，而且比以前更胖了。

那么又要问了，它们这些小蛛靠什么维持生命呢？一定不是以前在卵里吸收的养料。以前那些微不足道的养料。别说是不能帮它们造出丝来，连维持它们的小生命都很难。在小蛛的身体里一定有着另外一种能量。

如果它们不动，我们很容易理解为什么它们不需要食物，因为完全的静止就相当于没有生命。但是这些小蛛，虽然它们常常安静地歇在母亲背上，但它们时刻都在准备运动。当它从母亲这个"婴儿车"上跌落下来的时候，它们得立刻爬起来抓住母亲的一条腿，爬回原处；即使停在原地，它也得保持平衡；它还必须伸直小肢去搭在别的小蛛身上，才能稳稳地趴在母亲背上。所以，实际上绝对的静止是不可能的。

从生理学角度看，我们知道每一块肌肉的运动都需要消耗能量。动物和机器一样，用得久了会造成磨损，因此需常常修理更新。运动所消耗的能量，必须从别的地方得到补偿。我们可以把动物的身体和火车头相比。当火车头不停地工作的时候，它的活塞、杠杆、车轮以及蒸汽导管都在不断地磨损，铁匠和机械师随时都在修理和添加些新材料，就好像供给它食物，让它产生新的力量一样。但是即使机器各部分都很完美，火车头还是不能开动。一直要等到火炉里有了煤，燃起了火，然后才能开动。这煤就是产生能量的"食物"，就是它让机器动起来的。

动物也是这样。有能量才能运动。小动物在胚胎时期，从母亲的胎盘里或者卵里吸取养料，那是一种制造纤维素的养料，它使小动物的身体长大长坚固，并且补偿一些不足的地方。但是，除此之外，必须有产生热量的食物，才能使小动物跑、跳、游泳、飞跃，或是做其他各种运动。任何运动都少不了能量。

再讲这些小狼蛛，它们在离开母亲的背之前，并不曾长大。七个月的小蛛和刚刚出生的小蛛完全一样大。卵供给了足够的养料，为它们的体质打下了一个良好的基础。如果它们后来不再长大，因此也不再需要吸收制造纤维的养料。这一点我们是能够理解的。但它们是在运动的呀！并且运动得很敏捷。它们从哪里取得产生能量的食物呢？

我们可以这样想：煤——那供给火车头动能的食物究竟是什么呢？那是许多许多年代以前的树埋在地下，它们的叶子吸收了阳光。所以煤其实就是贮存起来的阳光，火车头吸收了煤燃烧提供的能量，也就是相当于吸收了太阳光的能量。

血肉之躯的动物也是这样，不管它是吃什么别的动物或植物以维持生命，大家最终都是靠着太阳的能量生存的。那种热能量贮藏在草里、果子里、种子里和一切可作为食物的东西里。太阳是宇宙的灵魂，是能量的最高赐予者，没有太阳，就没有地球上的生命。

那么除了吃进食物，然后经过胃的消化作用变成能量以外，太阳光能不能直接射入动物的身体，产生活力，就像蓄电池充电那样？为什么不能直接靠阳光生存呢？我们吃的果子中除了阳光外，还有别的什么物质吗？

化学家告诉我们，将来我们可以靠一种人工的食物来维持生命。那时候所有的田庄将被工厂和实验室所取代，化学家们的工作就是配置产生纤维的食物和产生能量的食物，物理学家们也靠着一些精巧仪器的帮助，每天把太阳能注进我们的身体，供给我们运动所需的能量。那样我们就能不吃东西而维持生命。不吃饭而是吃太阳的光线，你能想象吗？那将是一个多么美妙而有趣的世界！

这是我们的梦想，它能实现吗？这个问题倒是很值得科学家们研究的。

小蛛的飞逸

到三月底的时候，母蛛就常常蹲在洞口的矮墙上。这是小蛛们与母亲告别的时候了。做母亲的仿佛早已料到这么一天，完全任凭它们自由地离去。对于小蛛们以后的命运，它再也不需要负责了。

在一个天气很好的日子里，它们决定在那天最热的一段时间里分离。小蛛们三五成群地爬下母亲的身体。看上去丝毫没有依依惜别之情，它们在地上爬了一会儿后，便用惊人的速度爬到我的实验室里的架子上。它们的母亲喜欢住在地下，它们却喜欢往高处爬。架子上恰好有一个竖起来的环，它们就顺着环很快地爬了上去。就在这上面，它们快活地纺着丝，搓着疏松的绳子。它们的腿不住地往空中伸展，我知道这是什么意思——

它们还想往上爬，孩子长大了，一心想走四方闯天下，离家越远越好。

于是我又在环上插了一根树枝。它们立刻又爬了上去，一

阅读理解
这是很富有想象力的一串疑问。

美绘版

直爬到树枝的梢上。在那里，它们又放出丝来，攀在周围的东西上，搭成吊桥。它们就在吊桥上来来去去，忙碌地奔波着，看它们的样子似乎还不满足，还想一个劲儿往上爬。

我又在架子上插了一根几尺高的芦梗，顶端还伸展着细枝。那些小蛛立刻又迫不及待地爬了上去，一直到达细枝的梢上。在那儿，它们又乐此不疲地放出丝、搭成吊桥。不过这次的丝很长很细，几乎是飘浮在空中的，轻轻吹口气就能把它吹得剧烈地抖动起来，所以那些小蛛在微风中好像在空中跳舞一般。这种丝我们平时很难看见，除非刚好有阳光照在丝上，才能隐隐约约看到它。

忽然一阵微风把丝吹断了。断了的一头在空中飘扬着。再看这些小蛛，它们吊在丝上荡来荡去，等着风停；如果风大的话，可能把它们吹到很远的地方，使它们重新登陆，到一个陌生的地方。

这种情形又要维持好多天。如果在阴天，它们会保持静止，动都不想动，因为没有阳光供给能量，它们不能随心所欲地活动。

最后，这个庞大的大家庭消失了。这些小蛛纷纷被飘浮的丝带到各个地方。原来背着一群孩子的荣耀的母蛛变成了孤老。一下子失去那么多孩子，它看来似乎并不悲痛。

它更加精神焕发地到处觅食，因为这时候它背上再也没有厚厚的负担了，轻松了不少，反而显得年轻了。不久以后它就要做祖母，以后还要做曾祖母，因为一只狼蛛可以活上好几年呢。

阅读理解
用这样的手法来描写昆虫，正是本书的独到之处。读起来是不是觉得特别有意思呢？

从这一家狼蛛中，我们可以看到，有一种本能，很快地赋予小蛛，不久又很快地而且是永远地消失。那就是攀高的本能。它们的母亲不知道自己的孩子曾有这样的本事，孩子们自己不久以后也会彻底地忘记。它们到了陆地上，做了许多天流浪儿之后，便要开始挖洞了。这时候，它们中间谁也不会梦想爬上一棵草梗的顶端。可那刚刚离开母蛛的小蛛的确是那样迅速、那样容易地爬到高处，在它生命的转折之处，它曾是一个满怀激情的攀登大师。我们现在知道了它这样做的目的：在很高的地方，它可以攀一根长长的丝。那根长丝在空中飘荡着，风一吹，就能使它们飘荡到远方去。我们人类有飞机，它们也有它们的飞行工具。在需要的时候，它替自己制造这种工具，等到旅行结束，它也就把它忘记了。

名家点拨

对于狼蛛，我们可能了解得很少。但是如果读了这篇文章，即使从没听说过狼蛛的人也会对狼蛛有一个大致的了解。从狼蛛的外貌到它的战斗能力，从它的毒素到它的产卵和幼虫，本文繁而不杂，杂而不乱，一只毒性可怕的狼蛛活灵活现地呈现在读者眼前。另外，文章中多处富有浪漫主义色彩的描述，更是给本文增添了不少神秘感。

好父亲"西绪弗斯"

名家导读

　　神话中西绪弗斯本为科林斯王的名字，被谪罚在下界，做转运大石上山的苦工。我们现在要介绍的这种甲虫的名字也叫西绪弗斯，正是表示它也是做转运重球爬险峻地方的苦工的意思。

　　我希望你们听了关于清道的甲虫做球的技能，还不厌倦。我已经告诉过你们神圣甲虫和西班牙犀头的技能，现在我想再讲一些这种动物的另外一种。在昆虫的世界里，我们遇到很多模范的母亲，现在为了公平起见，来注意一回好父亲吧！

　　除非在高等动物中，好父亲是很少见的。在这方面，鸟类是优秀的，兽类也能尽这种义务。低级的动物当中，父亲对于家庭是漠不关心的，仅有极少数的例外。这种无情，在高级动物界里是最可耻的，而且它们的幼小的动物需要长时间地看护。而昆虫的父亲，是可以原谅的。因为新生昆虫很健壮，只要有适当的地点，很可以无须帮助而得到食物。例如粉蝶为种族的安全，只需要将它的卵产在菜叶上，父亲的担心有什么用呢？母亲有利用植物的本能，无须帮助的。在产卵的时候，是不需要父亲的。

　　许多的昆虫都采用这种简单的养育法。它们只要找一个餐室，当做幼虫孵化后的家，或者找一个地方，使幼虫自己能觅到适当的食物。在这种情形下，父亲是不需要的，它通常到死都没有在养育后代的工作中给以丝毫的帮助。

然而事情也并不是都以这种原始的方式存在的。有些种类为它们的家庭预备下妆奁，作为它们将来的食宿。尤其蜜蜂和黄蜂，它们都是营造小窠、小瓶、口袋等的专家，蜜就积贮在小瓶小窠里。它们善于建筑土穴，储藏野味，给蛴螬做食物。

阅读理解
用拟人的手法表现昆虫为孩子的付出。

　　然而这种从事建筑、收集食物，花去了全部生命的伟大的工作，是母亲单独做的。这工作累得它精疲力竭，耗去它的生命。父亲却沉醉于日光下，懒惰地立在作场之旁，看着它勤劳的伴侣从事工作。

　　为什么它不帮助母亲一下呢？它从没有过。为什么它不学学燕子夫妻，它们都带一些草、一些泥土到窠里，或带一些小虫给小鸟呢？它一点也没有做那种事。也许它借口比较软弱无力。这是个不充足的理由。因为割下一块叶子，或从植物上摘下一些棉花，或从泥土中收集一点水泥，是它力量所能做到的。它很可以像工人一样地帮助它。它很适宜于为母亲收集一些材料，再由比它聪明的母亲建筑起来。它不做的真正原因，是因它不会做而已。

　　这是很奇怪的，多数能从事劳动的昆虫，竟不知道负起父亲的责任。谁都会以为它为了幼虫的需要，应当发挥最高的才能，但是它竟愚钝如蝴蝶，对于家族是很少费力的。我们每一次都不能回答下面的问题：为什么一种昆虫有某一种特别的本能，而另外一种昆虫却没有呢？当我们看见清道的甲虫有这种高贵的品质，而收蜜者却没有时，我们非常惊奇且难解。好多种清道甲虫惯于负起家庭的重任，并知道两个共同工作的价值。例如蜣螂夫妻，共同预备蛴螬的食物，在制造腊肠般食物时，父亲以强有力的挤压来帮助母亲。它就是家庭共同劳动习惯的最好的榜样，它在一般自私的情形中，是最稀罕的一个例外。

　　关于这件事，经我长期的研究，在这个例子之外，我又可以增加另外的三个例子，全都是清道甲虫合作的事实。

　　这三个之中的一个是西绪弗斯，它是搓丸药者当中最小最

勤苦的一个。它在它们当中最活泼、最灵敏，并且毫不介意在危险的道路上倾跌和翻筋斗，在那里它固执地三番五次地爬起来倒下去。因为那种疯狂的体操，所以拉特雷昂给它起一个名字，叫"西绪弗斯"。

我想你们总应该知道，一个人变得很著名，一定要经过一番艰苦的奋斗。神话中的西绪弗斯被迫把一块大石头滚上高山，每一次好容易到了山顶时，那石头又滑脱他的手，滚到山脚下。我很喜欢这个神话。我们许多人都有这类的生活经验。就我自己说，刻苦地攀登峻峭的山坡已有五十多年，把我的精力浪费在为了谋取每日的面包的挣扎里。一块面包很难拿稳，它一经滑脱，便滚下去，落在深渊里。

我们现在所谈及的西绪弗斯，就不知道有这种困难，它不被峭峻的山坡所阻挠，在那里愉快地滚着粮食，有时供给它自己，有时供给它的子女。在我们这些地方，它是很少见的。如果我没有从前几次提起过的那个助手，我也没有办法可以得到这么多的目的物来研究。

我的小儿子保罗，年纪才七岁。他是我猎取昆虫的热心的同伴，而且比任何同年龄的小孩，更清楚地知道蝉、蝗虫、蟋蟀的秘密，尤其是对于清道的甲虫。他的锐利的眼光能在20步以外，辨别出地上隆起的土堆，哪一个是甲虫的窠穴。他的灵敏的耳朵可以听到螽斯微细的歌声，在我是完全听不见的。他帮助我看和听，同时我就把意见供给他以做交换，他是很愿意接受的。

阅读理解
用典型的事例来说明保罗眼光的锐利。

小保罗有他自己的养虫笼子，神圣的甲虫在里面为他做梨；他在自己的同手帕差不多大小的花园里，种着豆子，他常常将它们掘起来，看看小根长了一些没有；他的林地上，有四株小槲树，只有手掌那样高，一边还连着槲树子，在供给它们养料。这是他学习文法之余极好的消遣，对于他文法方面的进步毫无妨害的。

五月将近的时候，有一天保罗同我起得很早，连早点都没有吃就出去了。我们在山脚下搜索，如果有羊群的话，这里倒是一个好牧场。在这里，我们寻到了西绪弗斯，保罗非常热心地搜索，不久我们得了足足好几对。

为了使它们长得健旺，必须给它们预备一个铁丝的罩子、沙土的床和食物——为了这个我们也变成清道者了。它们的身体很小，还不及樱桃核大。形状也很奇怪。一个短而肥的身体，后部是尖的，足很长，伸开来和蜘蛛的脚相像。后足更长，并且弯曲，爬土与搓小球时最有用。

不久，建立家庭的时候到了。父亲和母亲同样热心地搓卷、搬运和储藏食物给它们的子女。利用前足的刀子，从食物上随意地割下小块来。两个一同工作，轻轻地抚拍和紧压，把它做成一粒豌豆大的球。

和在神圣甲虫的作场里一样，做成正确的圆形，用不着机械的力量来滚球。材料在没有移动之前，甚至还没有抬起，就已做成圆形了。现在我们又有了一个图形学家，善于制造保存食物的最好的式样。球不久就成功了。现在必须用力地滚动，使成一层硬壳，可以保护里面柔软的物质不致变得太干燥。我们可以从它那较大的身材辨别出来哪一个是母亲，它在前面全副武装处于优越的地位。将它的长的后足放在地上，前足放在球上，将球朝自己的身边拉，向后退走。父亲处在相反的地位，头向着下面，在后面推。这与神圣甲虫两个在一起工作时的方法相同，不过目的两样，西绪弗斯夫妻是为蛴螬搬运食物；而大的滚梨者（即神圣甲虫）则制备美食为自己在地下大嚼。

这一对甲虫在地面上走去。它们没有固定的目标，只是一直地走去，不管横在路中的障碍物。这样倒退着走，阻碍当然是免不了的，但是即使看到了，它们也不会绕过它们走。它甚至做顽固的尝试，想爬过我的铁丝笼子。这是一种费力而且不可能的工作。母亲的后足抓住铁丝网将球向它拉来，然后用前足抱住它，把球抱起在空中。父亲觉得无法推就抱住了球，伏在上面，把它身体的重量，加在球上，不再费什么气力了。这种努力不可能维持下去，于是球和上面的骑者滚成一团，掉落到地上。母亲从上面惊异地看着下面，于是下来，扶好这个球，重新做它所不可能的尝试。一再地跌落之后，才放弃攀爬。

就是在平地上运输也不是没有困难。随时都可碰到隆起的石头堆，货物也就因此翻倒。推的也倒翻了，仰卧着把脚乱踢。不过这是小事情，很小很小的事情。西绪弗斯是常常倒翻的，它并不注意，甚至有人也许以为它是喜欢这样的。无论如何，球是变硬了，而且相当的坚固。跌倒、颠簸等都是程序单上的一部分。这种疯狂了的越过障碍物的竞赛一直要继续几个钟点。最后母亲认为工作已经完毕，跑到附近找个适当的地点。父亲留守，蹲在宝物的上面。如果它的伴侣离开太久，它就用它高举的后足灵活地搓球以解闷。它处置它宝贵的小球，如同演戏的处置他的球一样。它用它弯形的腿试验那球是否匀整，它那两只腿就好像圆规的两足。那种高兴的样子，无论谁看了，都不会怀疑它那种生活的满足——父亲保障它子女将来幸运的满足。

它好像是说："是我搓成这块圆球的，是我给我的儿子们做的面包！"

并且它把这个壮丽的劳动果实高高举起，使大家都能看到。这时候，母亲已经找到了用做埋藏的地方。开始的一小部分工作已经做了，已经做下一个浅穴。将球推近这里。守卫的父亲一刻也不离开，母亲在那里用足和颚掘土。不久，地穴的大小，已经可以容得下球。它始终坚持使球靠近自己。在穴做成以前，它一定要使球在它的背后上下摆动，以免寄生物的侵害。若把它放在洞穴边上，一直等到这个家完成，它害怕会有什么不幸的事发生。很多蚊蝇和别种动物，会出其不意地来劫取。因此不能不格外当心。

阅读理解
非常少见的心理活动描写，在文中运用得非常贴切。

于是圆球已经一半放在尚未完成的土穴里了。母亲在下面，用足把球抱住往下拉；父亲在上面，轻轻地往下放，并且注意落下去的泥土会不会将穴塞住，一切很顺利。掘凿进行着，球继续往下放，老是那么小心。一个虫往下拉，一个控制着落下去的速度，并清除着一切障碍物。再进一步的努力，球和两个矿工都到地下去了。以后所要做的事，是把从前做好的事再重复一遍。并且我们必须再等半天或几个钟点。

我对于这种恒心很佩服。然而我不敢公然宣布，这是甲虫共同的习惯。无疑的，有许多甲虫是轻浮、无恒心的。但不要紧，就我所看见的这一点，我对于西绪弗斯爱护家庭的习性，已经很看重了。现在是我们察看土窖的时候了。在不很深的地方，我看见墙壁上有一个小空隙，宽度可以容母亲在球旁转动。由于卧室窄小，我们可以知道父亲是不能在那里留得很久的。当工作室准

备好了以后，它一定要跑出去，以便腾出地方来给女雕刻家。

地窖中单单储藏着一只球，这是一件艺术的杰作。它的形状和神圣甲虫的梨相同，不过小得多，因为小，表面的光滑和圆形之准确，更加令人惊讶，最阔的地方，它的直径量起来只有一寸的二分之一至四分之三。

对于西绪弗斯的观察还发现另外一件事，就是在我铁丝罩下的六对，共做了五十七个梨，每个当中都有一个卵——每一对平均有九个以上的蛴螬。神圣甲虫远不及此数。是什么原因使它会传下这么多的后代呢？我看只有一个理由，就是父亲和母亲共同工作。一个家庭的负担，单独的精力不足应付的，两个分担起来就不觉太重了。

名家点拨

文章开宗明义，首尾呼应，围绕"一个好父亲"这个中心，对西绪弗斯这种昆虫进行了简单而又翔实的介绍。不仅如此，作者虽然在写昆虫，但实际上也是在写人。

黄蜂的聪明和愚笨

名家导读

　　黄蜂，你见过吗？这并不是很少见的昆虫。但是黄蜂也有聪明和愚笨的。这是多么滑稽的事情啊！黄蜂的聪明是什么样的？黄蜂的愚笨又是什么样的？听听法布尔是怎么说的吧！

　　在九月里的一天，我同我的小儿子保罗跑出去，想看看黄蜂的窠，他的好眼力和集中的注意力可以帮助我。我们很有兴趣地看着小径的旁边。

　　忽然保罗叫起来了："一个黄蜂的窠，一个黄蜂的窠，一定没错儿！"因为在20码以外，他看见一种移动得很快的东西，一个个地从地上升起，直冲上来后立即飞去，好像草里面有小的火山口将它们喷出来一样。

　　我们小心谨慎地跑近那个地点，恐怕引起这些凶猛动物的注意。在它们住所的门边，有一个圆的裂口，大小可容人的拇指，同居者来来去去，肩踵相接地相对飞过。砰的一声，我不觉一惊，因为我想到我们可能遇到煞风景的事情；如果我们太靠近去观察它们，就要激起这些容易发怒的战士来攻击我们。我们不敢再多观察了，多观察就会牺牲太多。我们在那个地点做个记号，决定日暮再来。那个时候，这个窠里的居民，应当全体都由野外回家了。

阅读理解
作者从黄蜂的巢引出全文，进而写黄蜂的愚笨和聪明。

一个人要征服黄蜂的窠，如果举动不是相当的审慎，简直是冒险的事情。半品脱的石油，九寸长的空芦管，一块相当坚实的黏土，这些就是我的武器，经过从前几回稍稍成功的实验，这些东西，我认为是最好而且最简单的。

排除我不能忍受的牺牲的方法，窒息的方法是必要的。因为要将一个活的黄蜂的窠放在玻璃匣子内，观察里面同居者的习性，必须牺牲自己的皮肤。我在没有掘起我所要的蜂窠以前，曾想了两次。后来我终于采取窒闷窠里的居民的办法。死的黄蜂不能刺人。这是个残忍的方法，但是十分安全。

我用石油，因为它的作用不过于猛烈，并且要想做一回观察，我希望留下一部分不死的。问题只是怎样将石油倒进有蜂窠的洞里。洞出入的孔道约有九寸长，差不多和地下的窠穴平行。假如将石油直倒在隧道的口上，就是一个大错误，而且将有极严重的后果。因为这样少量的石油，会被泥土吸进去，不能到达窠里；等到第二天，当我们想象掘凿一定很安全的时候，我们就会在铁铲底下碰到一群火上浇油的黄蜂。

芦管可以阻止这个不测事件的发生。插进这个隧道的时候，它形成一根自来水管，让石油非常快地让石油流进土穴，一滴也不漏掉。于是我们将那块捏好的泥土，塞进出入的孔道内，像瓶塞子一样。我们没有事可做了，只有等着。

阅读理解
作者这样极力渲染消灭黄蜂前的活动，吊足了读者的胃口，也让我们的阅读更有章可循。

当我们准备做这项工作的时候，是昏黄月夜的九点钟，保罗同我一齐出去，带了一盏灯和一只篮子这类器具。当时农家的犬在远远地互相吠着。猫头鹰在洋橄榄树的高枝上叫着，蟋蟀在草丛中不停地奏着交响乐，保罗与我则在谈着昆虫。他热心地学习，问我好多问题，我也告诉他我所晓得的一些。这样快乐地猎取黄蜂的夜，使我们忘掉睡觉和可能被黄蜂刺着的痛苦。

将芦管插入土穴内是一件很细致的事情，因为我们不晓得孔道的方向，所以必须费一些猜疑，而且有时黄蜂防卫室里的守兵会飞出来，攻击工作者的手。为了预防起见，我们当中的一个，在守卫着，用手帕驱逐敌人。即使最后有一个人的手上肿起了一块，也是很痛的，虽说这是一个不很大的代价。

石油流到土穴内去时，我们听到地下群众中有惊人的喧哗声。于是很快地，我们用湿泥将门关闭起来，一次一次地踏，使封口坚固。现在没有其他的事情可以做了。我们就回去睡觉。

清晨我们带了一把锾和一个铲，重新回到这个地方。早一点去，比较好些，因为恐怕有许多在外面过夜的黄蜂，会在我们掘土的时候回家。清晨的冷气，可以减少它们的凶恶。

在孔道之前——芦管还插在那里——我们掘了一条壕沟，阔度可以容我们随便动作。我们在沟道的旁边很当心地、一片一片地铲去，后来，差不多有20寸深，蜂窠露出来了，吊在土穴的屋脊当中，一点没有损坏。

这真是一个壮丽的建筑呢！它的大小好像一个大南瓜。除掉顶上一部分之外，各方面都是悬空的。顶上有很多的根，多数是茅草根，透进很深的墙壁内，将蜂窠结住得很坚固。如果那里的土地是软的，它的形状就成圆形，各部分都同样的坚固。在沙砾地方，黄蜂掘凿时遇到阻碍，形状就要不整齐一些。

阅读理解
细致描写黄蜂的巢的外部特征。

纸窠和地下室的周边，常留着手掌阔的一块空隙，这块面积是宽阔的街道，这些建筑者可以在这里行动无阻，继续不停地工作，使它们的窠更大更坚固；通外面的孔道，也通连到这里。蜂窠的下面，有一块更大的隙，形圆，如一个大盆，可以使蜂窠添造新房时增大体积。这个空穴，同时也是盛废物的垃圾箱。

这个地穴是黄蜂自己掘的。关于这个，可以用不着怀疑。因为这样大这样整齐的洞是没有现成的。当初开辟这个窠的蜂，也许利用鼹鼠所做的穴，以图开始建筑的便利，可是大部分的工作却是黄蜂所做的。然而并没有一些泥土堆在门外面。这些泥土搬运到哪里去了呢？

土已经被抛撒在不令人注意的广阔的野外了。成千成万的黄蜂掘这个地穴，必要时将它开大。它们飞到外面来的时候，每一个都带着一粒土，抛在离开窠很远的各处去，就这样地把泥土散播在四外，所以一点痕迹都没留。

黄蜂的窠是用一种薄而软韧的材料做的，那是木头的碎粒，很像棕色的纸。上有一条条的带，颜色按所用的木头不同而不同。如果是整张做的，就不能御寒。但是黄蜂像做气球的人一样，知道可以利用各层外壳中所含的空气保持温度。所以它将纸浆做成阔的鳞片状，一片片松松地铺上，有很多的层数。全部形成一种粗的毛毯，厚而多孔，内含多量不流动的空气。这层外壳里的温度，在热的天气，一定是很高的。

大黄蜂——黄蜂的领袖——在同样的原则之下，建筑它的窠。在杨柳的树孔中，或在空的谷仓里，它用木头的碎片，做成脆弱带条纹的黄色纸板，并用这种材料包裹它的窠，一层层互相叠起来，像阔大凸起的鳞片。中间有宽阔的空隙，空气停止在里边不动。黄蜂的动作常常根据物理学和几何学的定理。它利用空气这种不良导体，以保持它家里的温暖。它在人类未曾想到做毛毯以前已经做了。它把窠的外墙筑成一个很巧妙的形状，使得它只要有顶小的外围，就可以造下很多房间。它的小室也是一样的，面积和材料都很经济。

然而，这些建筑家虽然这样的聪明，但也使我们奇怪，当它们遇到最小的困难时，竟又很愚笨。一方面，它们的本能教它们如科学家一般的动作；而另一方面，很显然，它们完全没有反省的能力。关于这个事实，我已用各种试验证明了。

黄蜂碰巧将房子安置在我花园的身旁，于是我可以用一个玻璃罩来做实验。在原野里，我不能用这种器具，因为乡下的小孩子立刻就会打破它。有一个晚上，天黑了，黄蜂已经回家。我弄平泥土，放了一个玻璃罩罩住它的洞口。当黄蜂第二天早晨开始

阅读理解
对黄蜂的巢的内部结构和性能的细致描写。

工作，发觉它们的飞行被阻止时，它是否能在玻璃罩的边下做出一条通路呢？这些能够掘成广大穴洞的刚强的动物，是否知道造一条很短的地道就可放它自由呢？问题就在这里。

第二天早晨我见明亮的阳光落在玻璃罩上了，这些工作者成群地由地下上来，急欲出去找寻食物。它们撞在透明的墙壁上跌落下去，重新又上来，成群地团团飞转。有些跳舞得疲倦了，暴躁地乱走，然后重新回到住宅里去了。有些当太阳渐渐地热起来的时候，代替前者来乱撞。但是没有一个会伸足到玻璃罩四周的边沿下去爬抓，分明它们不能另行设想逃脱的方法。这个时候，少数在外面过夜的黄蜂，从原野里回来。围绕着玻璃罩飞舞，最后一再迟疑，有一个决定往罩下边去掘。其余的也学它的样，一条通道很容易地开了出来，它们就跑进去。于是我用土将这条路塞住。假使从里面能看出这条狭路，当然可以帮助黄蜂逃走的，我很愿意让这些囚徒争得自由。无论黄蜂的理解力如何薄弱，我想它们的逃走，现在是可能了。那些刚刚进去的当然会指示路径，它们会教别的同类向玻璃墙下去挖掘的。我非常失望，一点没有从经验和实例上来学习的表示。在玻璃罩里，并没有要掘地道的企图。这些昆虫只是团团乱飞，并没

有什么计划。它们只是乱撞，每天都有很多死于饥饿和炎热之下。一星期后，没有一个活下来，一堆尸首铺在地面上。

从原野里回来的黄蜂可以找到进去的路，是因为从土壤外面嗅知它们的家，而去找寻它，这是它们自然本能的一种——它们的一种防御方法。这是不需要思想和理解的，自从黄蜂初次来到世界上时，地上的阻碍对于每个黄蜂来说都很熟悉了。但是那些在玻璃罩里面的黄蜂，就没有这种本能帮助自己了。它们的目的是想到日光里来，在它们透明的牢狱中，看到日光，它们就以为目的已经达到。虽然它们继续不已地向玻璃罩冲撞，但是想朝着日光飞得更远一点，却是不可能。过去并没有一些经验曾教它们怎么做。它们仅盲目地牢守着旧有的习性，最后终归死亡。

名家点拨

黄蜂的聪明和愚笨是什么样的？如果没有常年的研究和观察，是很难有这样的观点的。全文行文流畅，笔法细腻，描写生动，是上好的科普散文。

黄蜂的另类生活

名家导读 ✳ ✿

　　黄蜂又称胡蜂，雌蜂尾端有长而粗的螫针与毒腺相通，螫人后它将毒液射入人的皮肤内，但螫针并不留在人的皮肤内。黄蜂是社会性昆虫，它们组成各自的群体并建造共栖的巢穴。我们来看看作者是如何描写黄蜂的生活习性的？

　　假使我们揭开蜂窠的原包，我们可以看到里面有许多蜂房，那是好几层小室，上下排列，用坚固的柱子联系在一起，层数没有一定。在一季之末，大概是十层，或者更多一点，小室的口都是向下的。在这种奇怪的世界里，幼蜂都头朝下地生长、睡眠及饮食。

　　这一层层的楼——蜂房层，有阔大的空间把它们分开；在外壳与蜂房之间，有一条路和各部分相通，常常有许多看护来来去去，管理窠中的蛴螬。在外壳的一边，就是这个城市的大门。直对大门，有一个未经修饰的裂口，隐在包被的薄鳞片中，就是从地穴通向外面广大世界的隧道进出口。

　　在黄蜂的社会里，有许多许多的工蜂，它们的生命是完全消磨在工作上的。它们的职务是当群众增加时，扩大蜂窠。它们虽然没有自己的蛴螬，但对看护窠内的蛴螬却极小心勤勉。为了要观看它们的工作及初冬时会有什么事情发生，我在十月里将少许窠的小片，放在盖子底下，里面有很多的卵和蛴螬，并且有一百个以上的工蜂在看护它们。

　　为了观察的便利，我将蜂房分开，将小室的口向着上面，并排放着。这样颠倒的位置，看起来并没有使我的囚徒烦恼，它们不久就从被扰乱的

情形下，恢复原来的状态，重新开始工作，好像并没有什么事情发生一样。事实上，它们当然需要建筑一点东西，所以我给它们一块软木头，并用蜜饲养它们。用一个铁丝盖着的大泥锅，代替藏蜂窠的土穴。盖上一个要以移动的纸板做的圆顶形东西，使它相当的黑暗，我要它亮时，就把纸盖移开。

黄蜂继续工作，好像并未受到任何扰乱。工蜂一面照顾蛴螬，同时也照顾房子。它们开始竖起一道墙，围绕着黄蜂密集的蜂房，看来它们像是想重新建造一个新的外壳，代替那个被我的铁铲毁掉了的旧壳。但是它们并不修补，它们只是从我毁坏了的地方起，从事工作。它们做起一个弧形的纸鳞片的屋顶，遮盖起三分之一的蜂房。如果窠不曾碰坏，这可以连接到外壳的。它们做成的幕，只能盖住小室的一部分。

至于我替它们预备下的木头，它们碰都不去碰一下。这种原料，大概用起来很麻烦，它们宁愿用已经废弃了的旧窠。在这些旧小窠内，纤维是已经做好了的，并且，只要用少许唾液，和用大颚嚼几下，便变成上等质地的糨糊。它们把空着的小室捣得粉碎，从这种碎物，做成一种天篷。如果有所需要，也可用这种方法做成新室。

比这种屋顶工作更有趣味的，是它们喂养蛴螬的情形。看了粗暴的战士，会变成温和的看护，谁也不会厌倦。兵营变成育儿室了。它们喂养蛴螬是多么地小心啊！假使我们仔细地看着一个忙碌的黄蜂，可以看见它嗉囊里装满了蜜，停在一个小室的前面。它以一种沉思的姿态，将头伸在洞口里，用触须的尖去触蛴螬。蛴螬醒来了，向它张开口，就像一个初生羽毛的小鸟，向着它刚刚带回食物的母亲索食一般。

一会儿，这个醒来的小蛴螬，将头摇来摇去，想探到食物。它是盲目的，试探着带来的食物。两张嘴碰到了，一滴浆汁从看护的嘴里流到被看护者的嘴里。这一点点就够了。现在又轮到第

阅读理解
作者细腻的描写让我们领略到了表面凶残的黄蜂温柔的一面。

二个黄蜂婴儿。看护又向别处去继续它的责任。

这时，蛴螬在它自己的颈根上舐吮。因为当喂食的时候，它的胸部暂时膨胀，它的用处如涎布，从嘴里流出来的东西都落在这上面。大部分的食物咽下之后，蛴螬就舐起落在涎布上的食屑，然后膨胀消失了；蛴螬就稍稍朝窠里缩进一点，又恢复它甜蜜的睡眠。当黄蜂的蛴螬在我的笼子里喂养时，它的头是朝上的，从它的嘴里漏出来的东西，当然会落在涎布上面。至于在案上喂养时，它们的头是朝下的。可是我并不怀疑，就是在这种情况下，涎布也起同样的作用。

因为它将头略弯，口里满出的一部分东西很可能积在突出的涎布上，而且浆汁很黏，就粘在这里。同时看护放下一部分食品在这个地方，也是十分可能的。不管涎布在嘴的上面，或在嘴的下面，不管头是朝上或者朝下，涎布都能尽其功用，因为食品有黏性。这确是一个临时的碟子，可以减少喂食工作的困难，而且可以使蛴螬安逸地吃，不致吃得太饱。在野外，当一年之末，果品很少的时候，多数的黄蜂用切碎的蝇喂蛴螬，但在我的笼子里，别样东西，一概不用，单单给它们蜜。看护者和被看护者似乎吃了这种食物都很健旺，而且假如有不速之客闯进蜂房，立刻就被处死刑。黄蜂分明是不厚待宾客的。就是形状和颜色同黄蜂极相像的拖足蜂，如果走近黄蜂吃的蜜，立刻就会被发觉，群起而攻之。它的外貌并不能瞒过它们，如果不急速退避，就会被残酷地处死。所以跑进黄蜂的窠，实在不是一件好事情，即使客人的外表与它们相同，工作与它们相同，差不多是团体中的一分子，都不行。

一而再，再而三的，我看到过它们对客人的野蛮待遇。假使客人是个相当重要的，它被刺杀后，尸身被拖到窠外，抛弃在下面的垃圾堆里。但那毒的短剑似乎并不轻用。假使我将一个锯蝇的蛴螬抛到黄蜂群里，它们对于这条绿黑色的龙，表示很大的惊奇。它们勇敢地咬它，将它弄伤，但是并不用针刺它。它们拖它出去，这条龙也反抗，用它的钩子钩住蜂房，有时用它的前足，有时用它的后足。终于，这条龙因伤而软弱，被拉下来，一身的血迹，被拉到垃圾堆上去。驱逐这条龙，费了两个钟头的时间。如果，相反的，我把一个住在樱桃树孔里的一种魁伟的蛴螬放在蜂窠里，五六只黄蜂，立刻用针来刺它。几分钟以后，它就死了。但是这具笨重的尸体，很难搬到窠外去。所以黄蜂就开始吃它，或者，至少要减轻它的重量，直吃到剩余下来的，可以拖到墙外为止。

 名家点拨

　　本文对黄蜂的生活习性的简单描写。虽然说很简单，但是面面俱到，当然，拟人化的描述让本文更加具备生命力。细细读来，十分有趣！

黄蜂的"悲惨"命运

名家导读

　　黄蜂的悲惨命运——听起来不免让人伤心！尽管黄蜂有穷凶极恶的一面，但是作为一个小小的昆虫，它还是改变不了自己的悲惨命运。

　　有这样残酷的方法防御闯入者的入侵，这样巧妙的喂蜜，我笼子里的蛴螬因之大大地旺盛。但是当然也有例外，黄蜂的窠里也有因柔弱，在未长成以前便夭折的情形。

　　我看见那些柔弱的病者不能吃食，慢慢地憔悴下去。看护者已经更清楚地知道了。它们把头弯下来朝着病者，用触须去试听，并且证明不可医治了。后来这个动物快死时，就被无情地从小室里拖出窠外去。在野蛮的黄蜂社会里，久病者仅是一块无用的垃圾，愈快拿出去愈好，因为怕传染。但这还不是顶坏的。冬天渐渐临近了，黄蜂已经预知它们的命运。它们知道末日就在眼前。

　　十一月里寒冷的夜晚，蜂窠内起了变化，黄蜂建筑的热情减退了，去储蜜的地方也不很频繁了，家庭的事务也废弛了。蛴螬因饥饿张着嘴，只得到很迟慢的救济，有时甚至得不到丝毫的照顾。深深的怅惘抓住了看护者的心，它们从前的热诚由冷淡而成为厌恶，不久就要不可能了，仍然继续看护有什么好处呢？饥饿的时候就要来了，蛴螬总不免悲惨地死去。所以温和的看护一变而为凶恶的刽子手了。

　　它们对自己说："我们不必留下孤儿来，我们去了以后，没有谁来照顾它们。让我们把卵与蛴螬通通杀死。一个暴烈的结束比慢慢地饿死要好得多。"

接着就是一场屠杀。工蜂咬住了蛴螬颈项的后面，残暴地把它们从小室里拖下来，拉到窠外，抛到外面土穴底下的垃圾堆里。这些曾做过看护工作的工蜂把蛴螬从小室里拖出来时，其情形之残酷好像它们是外来的生客，或者已死的尸体。它们粗暴地拖着，并将它们扯碎。卵则被撕开、吃掉。

不久，这些刽子手护士自身，也开始无生气地苟延残喘。一天一天的，我带着感触和好奇的心情去注视我的昆虫最后的结局。终于有一天，这些工蜂忽然死了。它们来到上面，跌倒仰卧着，不再起来，如触了电一般。它们的全盛时代已成过去；它们被时间这个无情的毒药毒死。就是一个钟表的机器，当它的发条放开到最后一圈时，也是要如此的。

工蜂是老了！然而母蜂是窠中最迟生出来的，仍然年轻力壮。所以当严冬来威迫它们时，它们还能够抵抗。那些末日已近的，很容易从它们外表的病态上分别出来。它们的背上是有尘土沾染着的。当它们健壮时，它们不绝地拂拭，黑黄相间的外衣拭得十分光亮。那些病者，就不注意清洁了。它们停在太阳光下不动，或者很迟缓地在徘徊，它们已不再拂拭它们的衣裳了。

这种不注意装束就是不好的预兆。两三天之后，这个有尘土的动物，便最后一次离窠。它跑出来，享受一点日光，忽然滑倒在地上动也不动，不再爬起来了。它避免死在它所爱的纸窠里，因为黄蜂的法律规定，那里是要绝对清洁的。这个临终的黄蜂独自举行它的葬礼，把自己跌落在土穴下面的坑内。因为卫生的关系，这些苦行主义者，不肯死在蜂房中间的住房里。至于剩余下来未死的，仍保留这种习惯到最后的结局。这是一种不会被废弃的法律，无论人口如何减少，总是保持的。

虽然屋子是暖和的，并且有着蜜，壮健者仍来吃，可是我的笼子里一天天空起来了。到了圣诞节时，只剩了一打雌蜂。到了一月六日，最后剩余的也死掉了。

从哪里来的这种死亡，使我的黄蜂通通倒毙？它没有受饿，也没有受冻，更没有离家的痛苦。那么它们为什么而死的呢？

我们不要归罪于囚禁，在野外也发生同样的事情。十二月末，我曾观察过很多的蜂窠，都是这种情形。大多数的黄蜂，必须死亡，并不是碰到意外，也不是因疾病，也不是因气候的摧

阅读理解

连续的疑问，步步的跟进，使文章逐步达到其高潮部分，黄蜂悲惨结局的原因到底是什么呢？

残，而是因为一种不可逃避的规律。不过这种情形，对于我们人类倒是很好的。一只母黄蜂可以造下一个三万居民的城市。如果全体都生存下来，它们将成为一种灾害！它们将要在野外称王施虐了。

到后来，窠自会毁灭的。一种将来变成形状平庸之蛾的毛虫，一种带赤色的小甲虫，和一种着金丝绒外衣的鳞状蛴螬，都是毁坏蜂窠的动物。它们咬碎一层层小窠的地板，使整个住宅崩坏。只有几握尘土、几片棕色纸片留存下来，到春天回来，仍造起黄蜂的城市，重新住着三万的新居民。

名家点拨

作为一种一贯给人以凶残印象的昆虫，黄蜂是让人很反感的。然而，黄蜂凶残的一生换来的却是悲惨的结局。这也正好应了那句老话："善有善报，恶有恶报。"但是从生命的角度来看，面对黄蜂的悲惨命运，我们也很无奈。

金腰蜂的建筑物

与其他蜂类比起来，金腰蜂最突出的特点之一可能就是其巢穴的建造了。金腰蜂筑巢的地点选择非常不寻常。那么，你知道金腰蜂喜欢在什么地方筑巢吗？你又知道这是为什么吗？

一.如何选择造屋的地点

喜欢在我们屋子边做窠的各种昆虫中，最能引起人们兴趣的，首推一种金腰蜂，因为它有美丽的身材，奇特的态度，以及奇怪的窠巢。知道它的人很少，甚至它住在这家人的火炉旁边，而这家人还不知道它。这完全由于它安静平和的天性。的确，它十分隐蔽，它的主人常常不知道它住着。讨厌、吵闹、麻烦的人，却非常容易出名。现在让我来把这谦逊的小动物，从不知名中提拔出来吧！

金腰蜂是非常怕冷的动物。在扶助棕榈树生长，鼓励蝉歌唱的温暖阳光下，它搭起帐篷。甚至有时为了家族的温暖需要，它们找到我们的住所里来。它平常的栖身之所，是农夫们幽静的茅舍，门外生有无花果树，树阴盖着一口小井。它选择一个暴露在夏日的炎热之下的地点，并且如果可能，最好占有一只大壁炉，里面经常燃烧着柴枝。冬天的晚上，温暖的火焰对于它的选择，很有影响，因为看到烟筒里出来的黑烟，它就知道那是个可取的地点。烟筒里没

阅读理解
为什么金腰蜂最能引起人们的兴趣？也许这正是本文能引起读者兴趣的原因之一，一下子就把读者的注意力抓住了。

有黑烟的，它绝不信任，因为那屋子里的人一定在那里受冻。

七八月里的大暑天，这位客人忽然出现，找寻做窠的地点。它并不为屋子里一切喧吵和行动所惊扰，人们一点注意不到它，它也不注意他们。它有时利用尖锐的眼光，有时利用灵敏的触须，视察乌黑的天花板、房椽、炉台子，特别是火炉的四周。甚至烟筒的内部都要视察到。视察完毕，决定地点后就飞去，不久带着少许泥土，开始建筑住屋的底层。

它所选择的地点，各不相同，常常是很奇怪的。炉的温度最适宜于小蜂，最中意的地位是烟筒内部的两侧，高约20寸或差不多的地方。不过这个舒服的藏身之所，也有相当的缺点。烟要喷到窠上，把它们弄成棕色或黑色，像熏在砖石上的一样。假使火焰烧到窠巢，小蜂就会熏死在黏土罐里。不过母蜂好像知道这些事：它总是将它的家族安置在烟筒的适当地点，那里很宽大，除了烟，别的是很难达到的。

虽然它样样当心，但是仍有一件危险的事时有发生。这就是当金腰蜂正在造屋，忽然炉子烟筒里起来一阵蒸汽或烟幕，使得它刚造成一半的屋子，不得不暂时、甚至全天停工。煮洗衣服的日子更危险。从早到晚，大斧子不停地滚沸。灶里的烟灰，大斧子与木桶里的蒸汽，混合成为浓厚的云雾。曾听见说过，河鸟回巢的时候，要飞过磨机坝下的大瀑布。金腰蜂更勇敢了，牙齿间含了一块泥土，要穿过极浓的烟雾，烟幕实在太厚了，它一钻进去就失去了踪影。一种不规则的鸣声在响着，那是它在工作时唱的歌，因此，可以断定它在里边。建筑工作，在云雾里神秘地进行着。歌声停止，它又从云雾里飞回来，并没有受伤。一天都要经过这种危险好多次，直到窠筑成功，食物储藏好，大门关上为止。

多少次只有我一个人能看到金腰蜂在我的炉灶边。并且第一次看见的时候，是在煮洗衣服的一天。我本来是在爱维侬学校里教书的。时间快到两点钟，再过几分钟，就要响铃催我去给羊毛工人讲课了。忽然我看见一个奇怪而轻灵的昆虫，冲过从木桶里升起的蒸汽飞出来。它身体当中的部分很瘦小，后部很肥大，在这两者之间，是由一根长线连接起来的。这就是金腰蜂，是我第一次用观察的眼光看到的。

我非常热心地想同我的客人相熟，所以恳切地嘱咐家人，在我不在家时，不要去打扰它。事情发展的良好胜过我所希望的。当我回家的时候，它仍然在蒸汽后面进行它的工作。因为要看看它的建筑、它食物的性质，和幼小黄蜂的发育等，所以我把火熄灭了，借以减少烟量，差不多足有两小时，我很仔细地注视它钻在烟雾里。

以后，差不多40年来，我的屋里从未有这种客人光临过。关于它进一步的知识，是从我邻居们的炉灶旁边得来的。

金腰蜂好像有一种孤僻流浪的习性。和其他的一般黄蜂和蜜蜂不同，它常在一个地点筑起单独的窠，很少把它的家庭建立在它自己生活的地方。在我们南方的城市中，时常可以看到它，但是大体说来，它宁愿住在农民烟灰满布的屋子里，也不喜欢住在城镇居民的雪白的别墅里。我所看到的任何地方，金腰蜂都没有像我们村上的多，这里那些倾斜的茅屋，已经被日光晒成黄色。

阅读理解
这一段话揭示了金腰蜂选择筑巢地点的不同之处及其原因。

事实很明显，泥水匠蜂拣选烟筒做窠，并不是图自己的安适。因为在这种地点做窠，不但特别费力，而且非常危险。它完全是为了家庭的安适。因为它的家庭与其他的黄蜂和蜜蜂不同，必须有较高的温度。

我曾在一家丝厂的机器房里，见过一个金腰蜂的窠，正造在大锅炉上面的天花板上。这个地点，除掉晚上和放假的日子，寒暑表通年是120°F。在乡下的蒸酒房里，我也见过许多它们的窠，便利的地方都占满了，甚至账簿堆上都有。这里的温度，与丝厂相差不远，大约是113°F。这个表明，泥水匠蜂很高兴忍受能使油棕树生长的热度。

阅读理解
看上去，任何能保证温度这一条件的地方都可以成为金腰蜂的筑巢地点。

锅和炉灶，当然是它最理想的家，但是它也很愿意住在任何严紧而温暖的角落里：如养花房，厨房的天花板，关闭的窗牖之凹处，茅舍中卧室的墙上等处。至于它建造窠巢的基础，它是不关心的。平常它的多孔的窠，都是造在石壁或木头上，但是有时

我也看到它在葫芦的内部，皮帽子里，砖的孔穴中，装麦的袋边上及铅管里面。

有一次，我在爱维侬附近一个农民家里所看到的事情更觉稀奇。在一个有着极宽大的炉灶的大房间里，一排锅子煮着农民们吃的汤与牲畜吃的食物。农民们从田里回来，肚子很饿，一声不响，很快地吃着，为了贪图半小时左右的舒适，他们除了帽子，脱去上衣，挂在木钉上。吃饭的时间虽然很短促，但是给泥水匠蜂占有他们的衣物，却很富余。草帽里边被它们占为建筑的适当地点，上衣的褶缝当做最佳的住所，并且建筑工作即刻开始。一个农民从吃饭桌子旁站起来，抖抖衣服，另一个拿起帽子，抖掉金腰蜂的窠巢，这时候，它的窠已有橡树果子那样大了。

农民家里烹调食物的妇女，对于金腰蜂毫无好感。她说，它们常常弄脏了东西。弄在天花板、墙壁及炉台上的泥污，还可去掉，但在衣服和窗幔上就不好办了。她每天必须用竹子敲窗幔。去掉它们很不容易，并且第二天早晨它们又开始很快地来做窠了。

二.金腰蜂的建筑物

我同情那位妇女的烦恼，但尤其遗憾的是我不能替代她的地位。假使我能任金腰蜂很安静地住着，我是如何地开心呢！就是把家具上弄满了泥土，也是不妨事的！我更渴想知道那种窠的命运，倘做在不稳固的东西上，如衣服或窗幔，它们将怎样？金腰蜂的窠是用硬灰泥做成的，围绕在树枝的四周，便很坚固地粘着上面。但是黄蜂的窠，单用泥土做成，没有水泥或坚固的基础。

建筑的材料，没有别的，只是从湿地取来的潮湿的泥土。河边的黏土最合用，但在我们多沙石的村庄里，河道非常之少。然而，我自己的园中，在种蔬菜的区域，掘有小沟，经常有一湾水整天地流着，于是在无事时，我可以观察这些建筑家了。

邻近金腰蜂很快地注意到这可喜的事件，匆忙地跑来取水边这一层宝

贵的泥土，不肯轻
轻放过这干燥季节稀少的
发现。它们用下颚刮取光滑的
地面上的泥土，腿直立起来，翼在振
动，把黑色的身体抬得很高。主妇们
在泥土边做工，把裙子小心地提起，
以免弄污，然而很少能不沾上污秽。这些搬取泥
土的金腰蜂，身上竟连一点泥迹都没有。它们有自己的好方
法将裙提起，那就是说，它除掉足尖及用以工作的下颚外，全身
都是避开泥土的。

　　这样，泥球就做成功了，差不多有豌豆大小。它用牙齿衔住，飞回
去，在它的建筑物上加上一层，于是又飞来做第二个。在一天天气最炎热
的时候，只要泥土还是潮湿的，这样的工作就继续不已。

　　但是顶好的地点，还是村中人们常用来饮骡子的那口古泉。那里时时
刻刻都有潮湿的黑烂泥，最热的太阳，最强的风都不能使它干燥。这种泥
泞的地方，对走路的人很不方便，然
而金腰蜂却喜欢来这里，在骡子的蹄旁
做小泥丸。

　　金腰蜂和蜜蜂不一样。金腰蜂不把

美绘版

泥土先做成胶泥，就直接拿去应用，所以它的窠造得很不结实，完全禁不起空中气候的变化。一点水滴上去，就会变软又变成了原来的泥土，一阵雨就会将它打成泥浆。它们只是干了的烂泥，一旦被水浸湿，即刻又变为烂泥了。

事实很显明，即使幼小的金腰蜂并不如此怕冷，它的窠也很容易被雨水打得粉碎，所以必须尽可能筑在避雨的处所。这就是为什么它喜欢在人类的屋子里，特别在温暖的烟筒里的缘故了。

在最后的粉饰——遮盖起它建筑物的各层的工作——没有完工以前，它的窠确是有它一定的美点，由一丛小窠所组成，有时相并列成一排，形状有点像口琴，不过以互相堆叠成层的居多。有时有十五个小窠穴，有时十个，有时减少至三四个，甚至仅有一个。

窠穴的形状和圆筒差不多，口稍大，底稍小，长约一寸多，阔半寸。它的很精致的表面是仔细地粉饰过的，有一列线状的凸起，在上面横护着，像金钱带上的线。每一条线，就是建筑物的一层。窠穴造好后，就用泥土盖好，一层又一层，露出来成为线的形状。数一数有多少线，就可知道黄蜂在建筑时，来回旅行了几次。它们通常是15—20层；每一窠穴，这位劳苦的建筑家，大概需20次的往返搬取材料。

阅读理解

这一小节简单而具体地描述了金腰蜂窠穴的外观。

窠穴的口当然是朝上的。假使罐子的口朝下，就不能盛东西了。黄蜂的窠穴，并不是别的，不过是一个罐子，预备盛储的食物：一堆小蜘蛛。

这些窠穴造好后，塞满蜘蛛，生下卵后就封起来，它始终保持美观的外表，直到黄蜂认为窠穴的数量已经够了的时候为止。于是黄蜂将全体的四周，又堆上一层泥土，使它坚固，用以保护。这一回的工作，做得既无计算，且不精巧，也不像从前做窠穴一样，加以相当修饰。泥带来多少，就堆上多少，只要堆积上去就算了。泥土取来便放上去，仅仅不经心地敲几下，使它铺开。这一层的包裹物，将建筑的美丽统统掩盖了。到了这种最后形状，蜂窠就像是你无意中掷在墙壁上的一堆泥。

名家点拨

　　金腰蜂筑巢地点的选择果然不同寻常，不过这也是由其生理属性决定的。作者按照"金腰蜂如何选择筑巢地点——如何建造自己的巢穴——金腰蜂巢穴的外观是什么样子的"这样的思路，把金腰蜂从选择筑巢地点到筑巢的整个流程给我们再现了一遍。流畅的叙述，细腻的描写，为本文增色不少。

金腰蜂的食物

　　金腰蜂是以什么为食的呢？金腰蜂又是如何进食的呢？你可能不敢想象，小小的金腰蜂常见的食物是蜘蛛。那么，金腰蜂是如何猎食蜘蛛的呢？

　　现在我们已知道食物瓶的情形是怎样的，我们必须知道它里面藏的是什么东西。

　　幼小的金腰蜂是以蜘蛛为食的。甚至在同一窠巢与同一窠穴中，食品的形状各不相同，因为各种蜘蛛都可充做食品，只要不太大，能装进瓶里去就可以。背上有三个交叉白点的十字蜘蛛，是它们最常见的美食。这个理由我想很简单，因为金腰蜂不必离家太远去游猎，并且交叉纹的蜘蛛是最易寻到的。

　　生有毒爪的蜘蛛，是不易捉到的危险的野味。这种蜘蛛身体很大，金腰蜂不容易征服它。并且金腰峰窠穴太小，也盛不下这样大东西。所以，金腰蜂就猎取较小的。如果它遇见一群长得肥胖的蜘蛛，总是拣其中最小的一个。虽然都是较小的，然而这些俘虏的身材还是差别甚大，因此大小的不同，就影响到数目的不同。在这个窠穴里盛有一打蜘蛛，而另一个窠穴，只藏五个或六个。

　　金腰峰专拣小蜘蛛的第二个理由是，在未将它装入窠穴之前，先要将它杀死。金腰峰突然落在蜘蛛的身上，差不多连翅也不停，就将猎物带走。旁的昆虫用的麻醉方法，金腰峰完全不知道。因此这个食物一经储存下来就要变坏的。幸而蜘蛛很小，一顿就可吃完。如果是大的，只能东咬一口，西咬一口，那就一定要腐烂，毒害金腰蜂窠巢里的蛴螬了。

阅读理解
金腰蜂为什么专拣小蜘蛛为食？作者给出了两个理由。

我常常看到，它的卵全无例外都不是生在上面，而是在储藏的第一个蜘蛛身上。金腰蜂先把一个蜘蛛放在最下层，将卵产在它上面，然后再将别的蜘蛛堆在顶上。用这个聪明的法子，小蛴螬只有先吃比较陈旧的死蜘蛛，然后再吃比较新鲜的。这样，它的食物就不至因存放过久而变坏了。卵总是产在蜘蛛身上的固定部位，头的一端，放在最肥的地方。这对于蛴螬很好，因为一经孵化，就可以吃最柔软最可口的食物了。然而这个经济的动物，一口也不浪费掉。到吃完的时候，一堆蜘蛛一点也剩不下。这种大嚼的生活要经过8天或10天。

于是蛴螬就开始做它的茧，这是一种纯洁的白丝袋，异常精致。为了使这个袋坚实，可以用作保护，还需要些别的东西，所以蛴螬又从身体内分泌出一种漆一般的流质。流质浸入丝的网眼，渐渐变硬，成为很光亮的漆。此时，更在茧的底面，加上一个硬的填充物，一切都安排得十分妥当。最后成功的茧呈琥珀黄色，使人想起洋葱头的外皮。它和洋葱头有同样精致的组织，同样的颜色，同样的透明，而且也和洋葱头一样。用指头摸着发出沙沙之声。随气候的变化，或早或晚，完全的昆虫就在这里面孵化出来。当金腰蜂在窠穴中将东西储藏好，如果我们同它开个玩笑，就显出金腰蜂的本能是如何的机械了。穴做好后，它带来第一个蜘蛛，把它收藏起来，立时又在它身体最肥的部分产下一个卵。于是飞去做第二次旅行。趁它离开的时候，我用镊子从窠穴里将死蜘蛛与卵拿走。

阅读理解
那么，它的举动是什么呢？作者在这里卖了个关子，想让接下来的文章更有趣。

我们当然想到，如果它稍有一些智慧，它一定会发觉卵失踪了。卵虽然小，然而它是放在大的蜘蛛体上的。那么，当它发现窠穴是空的，将怎样呢？它是否会很聪明地再生一个卵以补偿所

失呢？事实全不是如此，它的举动非常不合理。

现在它所做的，却是又带来一只蜘蛛，泰然地将它放到窠穴里，好像并没有发生什么意外。以后又一只一只地带来。它飞去时，我都将它们拿出，因此它每一次游猎回来，储藏室总是空的。它固执地忙了两天，要装满这装不满的瓶，我也同样不屈不挠地守住了两天，每次将蜘蛛拿出。到第20次的收获物送来时，这猎人认为这罐子已经装够了——也许因这许多次的旅行疲倦了——于是很当心地将窠穴封起来，然而里面却完全是空的！

任何情形之下，昆虫的智慧都限于这一点。无论临时发生什么样的困难，昆虫都无力解决；它对无论哪种侵害，都不能对抗。我可以举出一大堆的例子，证明昆虫完全没有理解的能力，虽然它们的工作做得异常地完美。经过长期的经验，使我断定它们的劳动，既不是自主的，也不是有意识的。它们的建筑、纺织、打猎和杀害、麻醉它们的捕获物，都和消化食物，或分泌毒汁一样，方法和目的完全不自知。所以我相信它们对于自己特殊的才能，完全莫名其妙。

它们的本能是不能变更的。经验不能教会它们什么；时间也不能使它们的无意识有一丝觉醒。只有单纯的本能，它们便没有能力去应付环境。然而环境是常常变化的，意外的事也时常会发生。唯有如此，昆虫需要一种能力，来教导它，使它们知道什么应该接受，什么应该拒绝。它需要某种指导，这种指导它当然是有的。不过"智慧"这个名词似乎太精细一点，我预备叫它为"辨别力"。

昆虫能意识到自己的行动吗？能，也不能。假使它的行动是由于本能，就是不能。假使它的行动是辨别力的结果，就是能。

比方，金腰蜂用已经软化的泥土建造窠穴，这就是本能，它始终是如此建造的。时间和生活的奋斗，都不能使得它模仿泥水匠蜂用细沙水泥去建造它的窠。

阅读理解
作者在这里又用了一个新词——"辨别力"，用来描述昆虫的智慧。

它的这个泥巢需要筑在一种隐蔽的地方，才好抵抗风吹雨打。最初，大概石头下面可藏匿的地方就认为满意了。但是如有更好的地方，它又去占据下来，它就这样搬到人家的屋子里。这就是辨别力。

它用蜘蛛做子女的食物，这是本能。没有方法能使它知道小蟋蟀也是一样的好。不过，假使交叉白点的蜘蛛缺少了，它也不肯叫它的子女挨饿，就捉别种蜘蛛给它们吃，这就是辨别力。这种辨别力的存在，说明了昆虫潜伏着将来进步的可能性。

名家点拨

作者通过仔细的观察，把金腰蜂进食蜘蛛的状况完完整整地再现了出来。文章最后一句话"这种辨别力的存在，说明了昆虫潜伏着将来进步的可能性"，更是使得人们对于昆虫充满了无限的期待。

金腰蜂从哪里来

名家导读

金腰蜂是从哪里来的？它是"侨民"吗？要不然它的生活习性与别的蜂为什么会如此的迥异？难道它真的来自非洲的海岸？来自南方长满橄榄树的大陆？要不然它为什么对温度的要求这么高？看看作者是怎么说的吧！

金腰蜂留给我们另一个问题。它找寻我们火炉边的温暖，因为它的窠是用软土建筑的，会被潮湿弄成泥浆，必须找干燥的隐蔽地方，热也是必要的。

它是不是一个侨民？或许它是从非洲的海边迁来的？从有枣树的陆地来到有洋橄榄树的陆地的吗？如果这样，自然它就觉得我们这里的太阳不够暖，需要找寻火炉旁的人工温暖了。这就可以解释它的习性，为什么和别种避人的黄蜂类有如此的不同。

在它未到我们这里做客以前，它的生活是怎么样的呢？在没有房屋以前，它住在什么地方？没有烟筒的时候，它把蛴螬藏匿在哪里呢？

也许，当古代西里南附近山上的居民用燧石做武器，剥羊皮做衣服，用树枝和泥土造屋的时候，这些屋子已老早有金腰蜂的足迹了。也许它们的窠就筑在破盆里，那是我们的祖先用手指取黏土做成的，或在狼皮及熊皮做的衣服褶缝里。我很怀疑，当它们在用树枝和黏土造成的糙壁上做窠的时候，它们所拣选的地点是否靠近屋顶那个用以出烟的洞呢？这虽和我们现在的烟筒大不同，但不得已时也可应用！

假使金腰蜂那时确与最古的人类同居在这里，那么它见到的进步就真不小了。它得到文明的利益也真正不少：它已将人类增进的幸福变成自己的。当我们在屋里装设天花板，并且发明了烟囱以后，我们可以想象到这个怕冷的动物在对自己说：

"这是如何适意啊！让我们在这里撑开帐篷吧。"

但是我们还要追究得更远。在小屋没有以前，在壁龛还不常见以前，在人类没有出现以前，金腰蜂在哪里造屋呢？这问题当然不是它们独有的。燕子与麻雀，在没有窗子与烟囱以前，在哪里做窠的呢？

既然燕子、麻雀、金腰蜂都是在人类以前就有了的，它们的劳动不能依靠人类的工作。这里还没有人类的时候，它们必已有了建筑的技术。

三四十年来，我常常问我自己，在那个时候，金腰蜂住在哪里的问题。在我们屋子外面，我找不到它们窠巢的痕迹。最后，耐心研究的结果，一个帮助我的机会来了。

西里南的采石场上，有很多碎石子和很多的废物，堆积在那里已有几世纪之久。田鼠在那里咬嚼橄榄和橡实，偶尔也吃一两个蜗牛；空的蜗牛壳，石子到处皆是；各种蜜蜂和黄蜂在空壳里做它们的窠穴。我搜寻这一批宝藏的时候，有三次在乱石堆中发现了金腰蜂的窠。

这三个窠和我们屋子里发现的完全一样。材料当然是泥土，而用以保护的外壳，也是相同的泥土。这地点的危险，并没有促使此种建筑家稍稍进步。我们有时——不过很少——看到金腰蜂的窠筑在石堆里和不靠着地的石头下面的平坦部分。在它们未侵入我们的屋子以前，它们的窠一定是做在这类地方的。

然而这三个窠的形状很凄惨，经过潮湿的侵蚀和风吹日晒，已经败坏不堪，茧子也弄得粉碎。四周没有厚土的保护，蛴螬已经牺牲，给田鼠或别的动物吃去。

阅读理解
到底是什么样的机会？迂回曲折、欲扬先抑的叙述策略。

这个荒凉的景象，使我怀疑在我附近，是否真为金腰蜂建筑户外窠巢的适当地点。事实很明显，母蜂不肯这样做，并且也不致被驱逐到这样绝望的地步。同时，气候使它不能很成功地过着它祖先那样的生活。那么，我想，我们可以断言它确是一个侨民。它一定是从比较炎热而干燥的地方来的，在那里雨也不多，雪几乎是没有的。

我相信金腰蜂是从非洲来的。很久以前，它经过西班牙和意大利到我们这里来，它不曾越过洋橄榄树地带再北去。它是非洲籍，现在归化了布罗温司。从世界的这一边到世界的那一边，它的嗜好都是一样的——蜘蛛、泥窠、人类的屋顶。

名家点拨

金腰蜂究竟是不是"侨民"？要不然它的生活习性与别的蜂为什么如此迥异？它对温度这一条件的要求这么高难道真的是因为它是来自非洲海岸的缘故？难道真的是因为它是来自长满橄榄树的南方大陆的缘故？作者围绕着这一中心，展开了探讨，并且得出了"金腰蜂来自非洲"的这一结论。

稀奇古怪的恩布沙

恩布沙——听上去是个奇怪的名字。然而奇怪的还不只是它的名字。它的一切，它的外貌、它的生活习性，一切都如它的名字一般奇怪。

海是生物初次出现的地方，到现在在它的深处还有许多奇形怪状的动物，这些都是动物界最早的标本。但在陆地上，从前的奇形动物，差不多已经消灭完了。少数遗留下来的，大概都是昆虫。其中之一是祈祷的螳螂，关于它特有的形状和习性，我已经对你们说过了。另一种则为恩布沙。

这种昆虫，在它的幼虫时代，大概要算是布罗温司省内顶奇怪的动物了。它是一种细长的，摇摆不定的奇形的昆虫，没有弄惯的人，绝不敢用手指去碰它。我家邻近的小孩，看了它奇怪的模样，留下很深的印象，他们叫它为"小鬼"。他们想象它和妖法多少总有些关系。从春季到五月，或是秋天，有时在阳光和暖的冬天，我们常可以遇见它，但是从不成群出动。荒地上强韧的草丛和日光照耀，并有石头堆遮风的矮丛树，都是怕冷的恩布沙顶喜欢的住宅。

我要尽我的所能告诉你们，它看来像什么。它身体的尾部常常向背上卷起，曲向背上，成一个钩；身体的下面，也就是钩的上面，铺着带尖的叶状鳞片，排列成三行。这个钩架在四只长而细的形如高跷的腿上；每只大腿与小腿连接的地方，有一弯突出的刀片与屠户的切肉刀相仿佛。

这个钩架在四只长而细的腿上，好像一个四足凳。在凳的前面，有很长而且差不多垂直的胸部突起，形圆而细，好像一根草秆。草秆的末梢，有狩猎的工具，完全类似螳螂的猎具。这里有比针还要尖利的鱼叉和一个残酷的老虎钳，生着如锯子的牙齿，上臂做成的钳口中间有一道沟，两边各有五只长钉，当中也有小锯齿。前臂做成的钳口也有同样的一道沟，但是锯齿比较细巧、紧密，而且整齐。休息的时候，前臂的锯齿嵌在上臂的沟里。假使这部机器再大一点，那真是可怕的刑具了。

头部也和这武器相称。这真是一个奇怪的头啊！尖形的面孔，卷曲的胡须，巨大突出的眼睛，在它们中间有短剑的锋口。在前额，有一种从未见过的东西——一种高的僧帽，一种向前突出的精美的头饰，向左右分开，形成尖起的翅膀。

为什么这个"小鬼"要这样像古代占星家戴的奇形尖帽呢？它的用途下面我们就会知道。

在这时候，这个动物的颜色是平常的，大抵为灰色，到发育后，就变成饰着灰绿色、白色与粉红色的条纹。

如果你在丛林中，碰见这奇怪的东西，它在四只长足上动荡，头部向着你不停地摇摆，它转动它的僧帽，回头偷看。在它的尖脸上，你似乎感到要遭受危险。但是如果你要想捉住它，这种恐吓的姿势，立刻就不见了。高举的胸部就会低下去，竭力用大步逃走，并且它的武器帮助它握着小树枝。假使你有熟练的眼光，就很容易捉住它，把它关在铁丝笼子里。

起初，我不晓得怎样喂养它们。我的"小鬼"又很小，最多只有一两个月。我拿大小适宜的蝗虫给它们吃，我选取了顶小的。"小鬼"不但不要它们，而且还怕它们。任何一个茫然无知的蝗虫温和地走近它时，都会受到很坏的待遇。尖帽子低下来，愤怒地一触，使蝗虫滚跌开去。因此可知，这个魔术家的帽子是它自卫的武器。雄羊用它的前额来冲撞，同样的，恩布沙用僧帽来抵触。

阅读理解
这里是对恩布沙奇怪外貌的正面描写。

第二回，我给它一个活的苍蝇，这一次的酒席它立刻接受了。当苍蝇走近的时候，守候着的恩布沙掉转它的头，弯曲了胸部，给苍蝇猛然一叉，把它夹在两条锯子之间。猫扑老鼠也没有这样快。

使我很惊异的是，我发现苍蝇不仅可供一餐，而且足够全日之食，甚至常常可吃几天。这种相貌凶恶的昆虫，是极其节食的。我原以为它们是魔鬼，后来发现它们食量竟像病人那样的细小。经过一个时期后，就连小蝇也不能引诱它们了，冬天的几个月，完全是断食的。到了春天，才准备吃一些少量的米蝶和蝗虫。它们总是向俘房的颈部攻击，也和螳螂一样。

阅读理解

外表怪模怪样的恩布沙原来却是"食量竟像病人一样细小"的温和动物。

幼小的恩布沙，关在笼子里时，有一种非常特别的习性。在铁丝笼内，它的态度从一开始直到最后，都是一样的，而且是一种顶奇怪的态度。它用四只后爪，紧握着铁丝倒悬着，丝毫不动，背部向下，整个的身体就挂在那四点上。如果它想移动，就把前面的鱼叉张开，向外伸去，握紧另一铁丝，朝怀里拉过来。这种方法能使它在铁丝上拽动，仍然保持着背脊朝下。于是鱼叉两口合拢，缩回来放置胸前。

这种倒悬的姿势，在我们一定会感觉很难受，然而它却能维持很长时间。苍蝇在天花板上，确实也是采用这种姿势的，但是它有休息的时间。它在空中飞动，用平常的习惯行路，展翼在太阳光中。恩布沙却完全相反，保留这种奇怪的姿势，达10个月以上，绝不休息。它背部朝下悬挂在铁丝网上猎取、吃食、消化、睡眠，经过昆虫生活所有的体验，最后以至于死。它爬上去时年纪尚轻；老年时落下来，已经是一具尸首了。

最可注意的，这个习惯是只有在俘囚期内如此，并不是它天生的习惯。因为在户外，除掉很少的时候，它总是背脊向上地立在草上。

我知道一种和这个稀奇的举动相似的行为，甚至比这个还要特别些，就是某种黄蜂和蜜蜂在夜晚休息的姿态。有一种特别的黄蜂——生红色前脚的翳翁——八月底我的花园里非常之多，它们很喜欢在薄荷草上睡眠。在薄暮时，特别是窒闷的日子，风暴正在酝酿，我们一定会看到这奇怪的睡眠者睡在那里。在晚上休息时，睡眠姿势大概没有比这个更奇怪的了。它用颚咬入薄荷的茎内。方的茎比较圆茎更能握得牢固，它只用嘴咬住，身体笔直地横在空中，腿折叠着，它和树干呈直角，这昆虫全身的重量，完全放在大颚上。

翳翁利用它强有力的颚这样睡觉，身体伸在空中。如果拿动物的这种情形来推想，我们从前对于休息的固有观念就要被推翻。任风暴狂吹，树枝摇摆，这位睡眠者并不被这摇动的吊床所烦扰，至多偶尔用前足抵住这摇动的干罢了。也许黄蜂的颚像鸟类的足趾一般，具有极强的把握力，比风的力量还要强。有好几种黄蜂和蜜蜂都采用这种奇怪的姿势睡眠——用大颚咬住枝干，身体伸直，腿缩着。

大约五月中旬，恩布沙已发育完全。它的体态和服饰比螳螂更出奇。它保留着一点幼稚时代的怪相——垂直的胸部，膝上的武器和身体下面三行鳞片。但是它现在已不再卷成钩子，看起来也文雅得多了。灰绿色的大翅膀，粉红色的肩头，敏捷地飞翔，下面的身体饰着白色和绿色的条纹。雄的恩布沙，是一个花花公子，和有些蛾类似的，用羽毛状的触须装饰着自己。

在春天，农民们遇见恩布沙的时候，他总以为是看到了螳螂——这个秋天的女儿了。它们外表很相像，使人们怀疑它们的习性也是一样。事实上因为它的奇特的甲胄，会使人想到恩布沙的生活方式甚至比螳螂凶恶得多。但是，这种想法错了，尽管它们都有一种作战的姿态，恩布沙却是和平的动物。

把它们关在铁丝罩里，无论半打或只一对，它们没有一刻失掉柔和的态度。甚至到发育完全时，它们仍然吃得很少，每天的

阅读理解
描写得多么到位，小家伙的姿态仿佛就出现在我们眼前一样。

阅读理解
对比的手法，恩布沙和螳螂外表相似，但是性格却截然相反。

昆虫记

食物有一两个苍蝇就够了。

食量大的小动物，当然是好争斗的。螳螂一看见蝗虫马上就兴奋起来，于是战争开始了。节食的恩布沙，是和平的爱好者。它不和邻居争斗，也不像螳螂那样装出怪相，去恐吓它们。它从不突然张开翅膀，也不做蝮蛇般的喷气。它从不吃掉自己的姊妹，更不像螳螂吞食自己的丈夫。这样残暴的行为，它是没有的。

这两种昆虫的器官，完全一样。这种性格上的不同，和它们身体上的形状没有关系。

或者也许是由于食物的差异。无论人或动物，淳朴的生活总可使性格温和些。恩布沙是过淳朴生活的。

我的解释虽然已经很清楚，恐怕还有人会提出更进一步的问题。这两种昆虫有完全相同的形状，想来一定也有同样的生活需要。为什么一种如此贪食，另一种又如此有节制呢？它们如同别的昆虫一样，已经由它们自己的习性告诉了我们：嗜好和习性，并不完全基于形体的结构。在决定物质的定律上，还有决定本能的定律存在。

名家点拨

　　《稀奇古怪的恩布沙》，本文的题目本身就很有吸引力。什么是恩布沙？恩布沙为什么稀奇古怪？读者肯定会产生这样的怀疑。也正是依照这样的思路，作者依靠它细腻的笔法和娓娓而来的叙述，一一揭开了恩布沙的稀奇古怪之处。

白面孔螽斯的故事

名家导读

　　螽斯有时也被称为蝈蝈，又称叫哥哥，是鸣虫中体型较大的一种。体长在40毫米左右，身形侧扁。触角丝状，通常超过体长。来看看法布尔是如何描写螽斯的孵化和成长的。

　　在我们区域中的白面孔螽斯，无论从它善于歌唱或庄严的风采上，总可算是蚱蜢类中的首领了。它有灰色的身体、一对强有力的大颚及宽阔象牙色的面孔。如果要捕捉它，并不很难，只是这种昆虫不太多见。在夏天最炎热时候，我们可以看见它在长的草上跳跃，特别是在向阳的岩石脚下，那里是松树生根的地方。

　　希腊字Dectikos（即白面孔螽斯Decticus的语源）的意义是咬，喜欢咬。白面孔螽斯取了一个很恰当的名字。它确实是善于咬的昆虫。假使这种强壮的蚱蜢抓住了你的指头，你要当心一点，它会将它咬出血来。当我捕捉它的时候，我特别提防它那强有力的颚。它的颚和两颊边突出的大块肌肉，显然是企图用来切碎它那坚韧的俘虏的。

　　白面孔螽斯关在我的笼里，我发现蝗虫、蚱蜢等任何新鲜的肉食，都适合它们的口味。蓝翅膀的蝗虫，更是经常的美餐。当食物放进笼子里，常有一阵骚动，特别是在它们饥饿的时候。它们一步一步很笨重地向前耸进。因受长颈的阻碍，不能敏捷。有些蝗虫立刻被捉住，有些急忙跳到笼子顶上，逃出这螽斯所能及的范围之外，因为它身体笨重，不能爬到这么高。不过蝗虫只能延长它们的生命而已。或因疲倦，或因被下面的绿色食物所引诱，它们从上面跑下来，于是立刻就为螽斯所获。

这种螽斯，虽然智力很低，然而也有一种科学的杀戮方法，如同我们别处所见一样。它常常刺捕获物的颈部，咬它主宰运动的神经，使它立刻失掉抵抗力。这是很聪明的方法，因为蝗虫是很难杀的。甚至头已经掉了，它还能跳跃。我曾见过几只蝗虫，已经被吃掉一半了，还不断地乱跳，居然被它逃走。

假使这种螽斯多一些，对于农业可能有相当的益处，因为它嗜好蝗虫和一些对于未成熟的谷类有害的种族。不过现在它对于保存土地上果实的帮助，非常有限。它给我们主要的兴趣，是因为它是远古遗留下来的纪念物。它使我们对于一些现今已经消失了的习性，有一点初步的印象。

我应该谢谢白面孔螽斯，使我初次知道关于幼小螽斯的一两件事。

它产下的卵，并不像蝗虫与螳螂，装在硬沫做成的桶里，也不像蝉，将卵产在树枝的孔穴里。螽斯将卵像植物种子一般种植在土壤里。

母的白面孔螽斯身体的尾部有一种器官，可以在土面上掘下一个小小的洞穴。在这个穴里，生下一些卵，把洞穴四面的土弄松，用这种器官，将土推入洞中，好像我们用手杖将土填入洞穴一样。用这个方法，它将这个小土井盖好，再将上面的土弄平。

然后，它到附近的地方散步一会儿，以做消遣。没有多少时候，它回到先前产卵的地方，靠近原来的地点——这是它记得很清楚的——又重新开始工作。如果我们注意它一小时，可以看到它全部的动作，不下五次，连附近的散步在内。它产卵的地点，常是靠得很近的。

各种工作都已完毕后，我察看这种小穴。光有卵放在那里，没有小室或鞘做保护。通常总数约有60个，颜色淡灰，形状如梭。

当我开始观察螽斯的工作，我就急于想看看卵子孵化的情形，于是在八月底，我取来很多的卵，放在里面铺有一层沙土的玻璃瓶中。它们在里面度过八个月时间，没有感觉气候变化的痛苦。那里没有它们在户外必须受到的风暴、大雨和酷热的阳光。

六月来时，瓶中的卵，还没有表现出开始孵化的征兆。和九个月前我刚取来时一样，既不皱也不变色，反而现出极健康的外观。然而在六月里，在原野里就常常可以碰到小螽斯，有时，甚至已发育得很大。因此，我很怀疑，究竟什么理由使它迟延下来的。

于是我想起一个道理来。这种螽斯的卵，如同植物种子一样的种在土内，是毫无保护、露在雨雪之中的。我瓶子里的卵，在比较干燥的状况里过了一年的三分之二时间。它的孵化大概也需要潮湿，如种子发芽时需要潮湿一样。我决定试一试。

我将从前取来的卵，分一部分放在玻璃管内，在它们上面，薄薄地加一层湿的细沙。玻璃管用湿棉花塞好，以保持里面的温度。无论谁看见我的实验，总以为我是在做种子实验的植物学家。

我的希望达到了。在温暖潮湿之下，卵不久就显示了孵化的信号，它们渐渐涨大，壳分明就要裂开。我费了两星期工夫，每小时都很疲劳地守候着，想看看小螽斯跑出卵来的情形，以解决盘踞在我心中很久的疑问。

疑问是这样。这种螽斯照常例是埋在土下约一寸深。现在这个新生的小螽斯，夏初时在草地上跳跃，和发育完全的个体一样，有一对很长的和头发一样细的触须，并且身后生有两条异常的腿——两条跳跃用的撑杆，这对一般的行走很不方便。我很想知道，这个柔弱的动物，带着这样笨重的行李，到地面来时，其间经过的工作是怎样做的。它用什么东西从土中穿出一个小通道来呢？它有一粒小沙就能折断的触角，少许的力量就会断脱的长腿，这个小动物是显然不能从土壤中解放出来的。

我已经告诉过你们，蝉和螳螂，一个从它的枝头，一个从它的窠，出来时都穿有一层保护物，像一件大衣。我想起来，这个小螽斯，从沙土里出来时，一定有比生出以后在草间跳跃时所穿的还要简单而且紧窄的衣服。

我并没有猜错。白面孔蝤斯和别的昆虫一样，的确穿有外套。这个细小肉白色的动物包在一个鞘里，六足平置胸前，向后伸直，丝毫不能动。为了使出来时比较容易，它的小腿缚在身旁；另一件不方便的器官——触须——一动也不动地压在包袋里。

头弯向胸部。大的黑点是它未来的眼睛，毫无生气且十分肿大的面孔，使人以为是盔帽。颈部因头弯曲的关系，所以显得十分开阔，它的筋脉微微地跳动，时张时合。因为有这种突出的跳动的筋脉，新生的蝤斯的头部，才能转动。它用颈部推动潮湿的沙土，掘成一个小洞。于是筋脉张开，成为球状，紧塞在洞里，因此使得蛴螬在移动它的背部和推土时，能有足够的力量。如此，进一步的步骤，已经成功。球泡每一回的涨起，对于小蝤斯在洞中的爬动，都很有帮助。

看到这个柔软的动物，身上还没有颜色，移动它膨胀的颈部，钻掘土壁，真是太可怜了。肌肉还未强健的时候，真像是在和硬石抗争。不过抗争居然成功。一天早晨，这块地方，已做成小小的孔道，也不是直的，也不是曲的，约一寸深，宽阔如一根柴草。用这样的方法，这个疲倦的昆虫，到达地面上了。

还没有完全离开土壤以前，这位奋斗者先休息一会儿，以恢复这次旅行后的疲劳，然后做一次最后的奋斗，竭力膨胀头后面突出的筋脉，突破保护它许久的鞘。这个动物抛去了它的外衣。

现在这是一个幼小的蝤斯了，还是灰色的，但是第二天渐渐变黑，同发育完全的蝤斯比较起来简直像一块黑炭。大腿的下面有一条窄窄的白斑纹，这是它成熟时期象牙面孔的先声。

在我面前发育的蝤斯啊！在你面前展开的生命是太凶险了。你的许多亲属们，在未得自由之前，有许多因疲倦而死。在我的玻璃管中，我看到好多因为受到沙粒的阻碍而放弃了尚未成功的奋斗。它们的身上长了一种绒毛，霉将它的尸体包裹了。如果没

阅读理解
描写了刚刚来到这个世界上的小蝤斯的模样。

阅读理解
任何生命的孵化和成长过程，都难免遭遇挫折，蝤斯也难逃这种宿命。

有我的帮助，到地面上来旅行更危险，因为屋子外面的泥土更粗糙，已经被太阳晒硬了。

这个有白条纹的黑小鬼，在我给它的莴苣叶上咬啮，在我给它的居住笼里跳跃，我可以很容易地豢养它，不过它已不能再给我更多的知识，所以我就恢复了它的自由，以报答它教我的知识，我送给它这个玻璃管和花园里的蝗虫。

它教给我蚱蜢在离开产卵的地点时，如何穿着一件临时的衣服，将那些最笨重的部分，如长腿和触角等，包在鞘里。它又告诉我这种只能略略伸缩、干尸状的动物，为了旅行之便，为什么头颈上生有一种瘤，或颤动的泡。这是一种原来生成的机器，在我最初观察螽斯的时候，我并没有看见用它来做行路的帮助。

名家点拨

螽斯是昆虫"音乐家"中的佼佼者。螽斯最突出的特点就是善于鸣叫，其鸣声各异，有的高亢洪亮，有的低沉宛转，或如潺潺流水，或如疾风骤雨，声调或高或低，声音或清或哑，给大自然增添了一串串美妙的音符。在作者细腻的笔法下，螽斯的生活好像被拍成了电影，从我们眼前一幕幕掠过。

独特的虻蝇

名家导读

虻蝇的嘴巴长得很奇特，它是如何进食的呢？虻蝇又是如何产卵的呢？虻蝇的寿命又有多长呢？

1855年，我在卡本托拉司的山坡观察掘地蜂时，才熟悉虻蝇这种小动物。虻蝇的蛹非常奇特，它的身体前部有一种犁头形状的器官，尾部有三角叉，背上有一排叉子，它就是用这些器官弄破竹蜂的茧、挖掘坚硬的泥土。蛹的力气很大，能给成虫挖掘一条出路，而成虫却没有这种能力。

挖开泥水匠蜂窝下的小石子，运气好的话就可以找到一些茧，里面住着两种幼虫，一个已经干枯，另一个却活泼而又肥壮。在其它蜂房里，我还发现有一群小幼虫在爬动。已经干枯的是泥水匠蜂的幼虫，欢蹦乱跳的是虻蝇的幼虫。

早在一个月以前，泥水匠蜂的幼虫吃完了蜂房里的蜂蜜后，自己编织一个外衣，躺在里面美美地睡上一觉，等待着转化为成虫。虽然它的外衣能起到保护作用，但无法抵挡敌人的进攻。它的身体里储存着很多脂肪，这对敌人来说是一顿可口的美餐。果然，敌人来了。虻蝇的幼虫从秘密的地方出现了，吃掉正在睡觉的泥水匠蜂的幼虫，把自己单独留在泥水匠蜂的茧中。

这是一种柔软、光滑、没有脚和眼睛的小虫，全身是乳白色的，包括头在内，它的身体共有十三节，身体的中间部分非常明显，而前部不容易分辨出来。它的头非常柔软，只有针尖那么大，看不出嘴巴在哪里。四个浅红色的出气孔分别位于身体的前面和后面，它没有任何走路的工具，当然无法移动身体。

虻蝇的幼虫吃东西的方法非常有趣，我曾仔细观察过无数食肉的幼虫，它们各自都有吃东西的方法，但和它吃东西的方法却完全不同，就连我也是第一次见到。

翳翁的幼虫吃毛虫的时候，先在毛虫的身上刺一个孔，然后钻进去，这种贪吃的动物一直向前钻，直到毛虫剩下一个空壳。如果把它拿开，它仍然从原来的孔口钻进去，因为如果重新刺一个孔，毛虫很快就会腐烂掉。

虻蝇的幼虫没有使用这种穿孔的方法，也不会固执地去寻找原来的孔，如果在它进食的时候将它拿开，它的食物上却看不到任何痕迹，皮肤也没有破损的地方。不久，幼虫又将它那粉红色的头伸到食物上，不管什么部位，它都能毫不费力地固定下来。在我看来，虻蝇虽然没有牙齿，也可以咬入皮肤，并把它撕破，可是我没有看到这样的情况发生，它只是把嘴放在食物上吮吸。

把虻蝇放在显微镜下观察，就可以清楚地观察到它的嘴巴的结构。

它的嘴巴的形状像圆锥形的火山口，有黄色或红色的边缘，下面是喉咙口，嘴里没有任何咀嚼食物的器官，我从没见过别的动物有这样的嘴，它吃东西的模样就像是趴在食物上亲吻。

我把一个刚出生的虻蝇的幼虫和它需要的食物，一起放进一个玻璃管内，这样我就可以清楚地观察它是怎么进食的了。

虻蝇的幼虫把嘴放在泥水匠蜂幼虫身体的任何部分，然后吮吸营养。如果受到打扰，它会立刻停止吮吸，感觉没有什么异常情况发生就继续下去。三四天后，原本肥胖而健康的泥水匠蜂幼虫，变得十分瘦弱，它的身体四周明显瘪了很多，颜色暗淡，皮肤上长满皱纹，好像无法支撑自身的重量，瘫痪成一团，一副快

阅读理解
作者详细地描写了虻蝇幼虫的体貌，吸引读者的注意力和阅读兴趣。

阅读理解
用比喻的手法写出了虻蝇嘴巴的形状和虻蝇吃东西时的与众不同，比喻生动有趣，形象贴切。

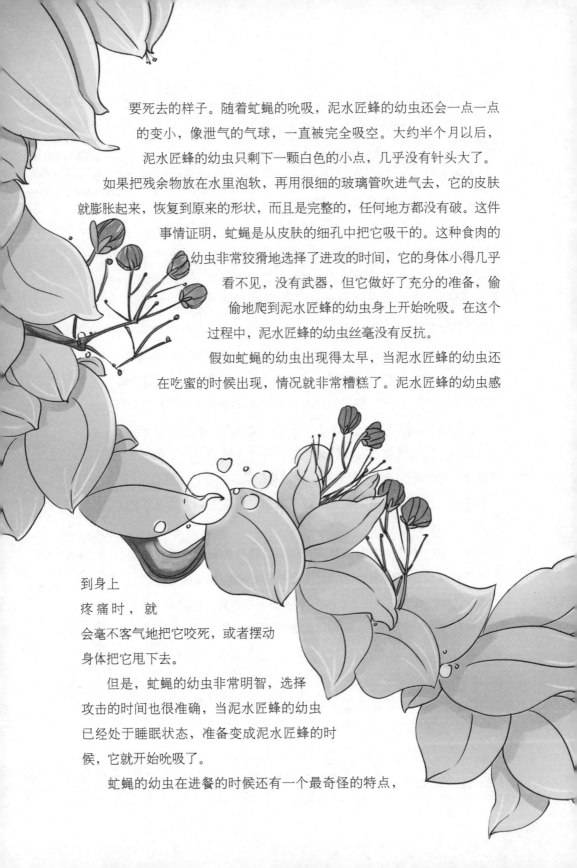

要死去的样子。随着虻蝇的吮吸，泥水匠蜂的幼虫还会一点一点的变小，像泄气的气球，一直被完全吸空。大约半个月以后，泥水匠蜂的幼虫只剩下一颗白色的小点，几乎没有针头大了。

如果把残余物放在水里泡软，再用很细的玻璃管吹进气去，它的皮肤就膨胀起来，恢复到原来的形状，而且是完整的，任何地方都没有破。这件事情证明，虻蝇是从皮肤的细孔中把它吸干的。这种食肉的幼虫非常狡猾地选择了进攻的时间，它的身体小得几乎看不见，没有武器，但它做好了充分的准备，偷偷地爬到泥水匠蜂的幼虫身上开始吮吸。在这个过程中，泥水匠蜂的幼虫丝毫没有反抗。

假如虻蝇的幼虫出现得太早，当泥水匠蜂的幼虫还在吃蜜的时候出现，情况就非常糟糕了。泥水匠蜂的幼虫感

到身上

疼痛时，就

会毫不客气地把它咬死，或者摆动

身体把它甩下去。

但是，虻蝇的幼虫非常明智，选择

攻击的时间也很准确，当泥水匠蜂的幼虫

已经处于睡眠状态，准备变成泥水匠蜂的时

候，它就开始吮吸了。

虻蝇的幼虫在进餐的时候还有一个最奇怪的特点，

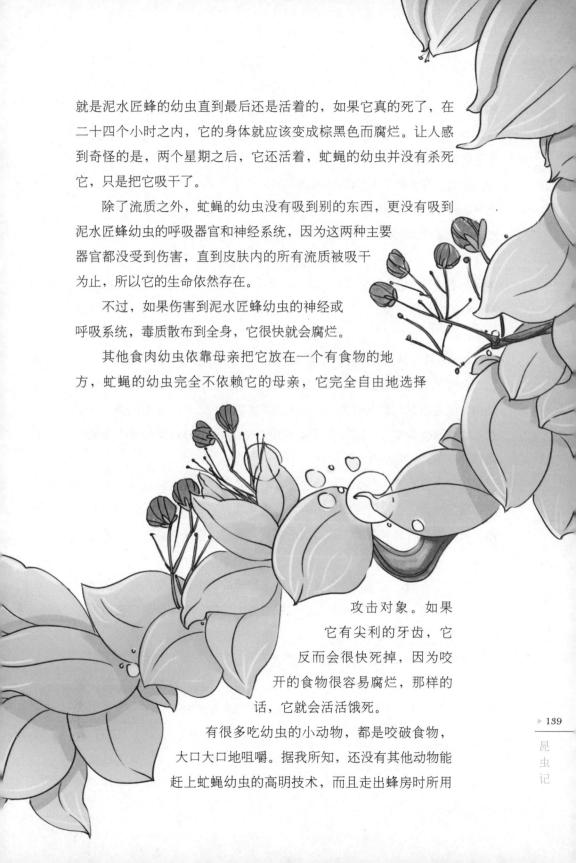

就是泥水匠蜂的幼虫直到最后还是活着的，如果它真的死了，在二十四个小时之内，它的身体就应该变成棕黑色而腐烂。让人感到奇怪的是，两个星期之后，它还活着，虻蝇的幼虫并没有杀死它，只是把它吸干了。

除了流质之外，虻蝇的幼虫没有吸到别的东西，更没有吸到泥水匠蜂幼虫的呼吸器官和神经系统，因为这两种主要器官都没受到伤害，直到皮肤内的所有流质被吸干为止，所以它的生命依然存在。

不过，如果伤害到泥水匠蜂幼虫的神经或呼吸系统，毒质散布到全身，它很快就会腐烂。

其他食肉幼虫依靠母亲把它放在一个有食物的地方，虻蝇的幼虫完全不依赖它的母亲，它完全自由地选择攻击对象。如果它有尖利的牙齿，它反而会很快死掉，因为咬开的食物很容易腐烂，那样的话，它就会活活饿死。

有很多吃幼虫的小动物，都是咬破食物，大口大口地咀嚼。据我所知，还没有其他动物能赶上虻蝇幼虫的高明技术，而且走出蜂房时所用的方法也不能和虻蝇幼虫相比。别的昆虫变成成虫时，具有挖掘和破坏性的工具，例如：坚硬的颚能掘地，能推倒泥土的墙壁，甚至能把泥水匠蜂的坚固的窝咬得粉碎。

虻蝇没有这种这些工具，它的嘴短而柔软，只能从花朵中舔食糖分，它的脚很柔弱，由于身体的各关节排列紧密，让它移动一粒细沙都非常困难。虻蝇又大又硬的翅膀必须时刻张开，使得它不能穿过狭窄的隧道。虻蝇的外衣非常精细，你只要对着它呼吸，立刻就会有细毛进入你的鼻孔，这样的身体当然不能和粗糙的隧道摩擦，否则就再也不能从隧道里出来了。它的幼虫更没有挖掘道路的能力，那个乳白色的小虫除了弱小的吸盘之外，没有别的工具，甚至比发育完全的昆虫还要柔弱，因为成虫至少还有翅膀可以飞。所以，泥水匠的蜂房简直就是监狱。那么，它怎么从里面走出来呢？

在孵化期间，昆虫的蛹是转变期中的一个过渡，这时候，它已经不是幼虫，但还没有完全变成成虫，它的身体非常柔弱，身上裹着外壳，不吃也不动地等待着变化。它的肉很嫩，四肢透明，固定在某个位置，如果稍微移动一下，就会妨碍它的发育。

但是，自然界中有很多事情违反常态，虻蝇的幼虫变为成虫之后，开掘道路的重大工作反而由蛹来承担。蛹能够冲开坚硬的墙壁，开辟一条出路。蛹有着奇特而复杂的工具，包括犁头、手钻、钩子等，这些工具是幼虫和成虫所没有的。

每年七月底，虻蝇的幼虫吸干了泥水匠蜂的幼虫，就睡在泥水匠蜂的茧里，一动也不动。第二年五月，它脱去身上的皮，变成全副武装的蛹，身上穿着一层坚硬的红色外壳。

蛹的头又大又圆，头上戴着一顶帽子，上面有六根尖利的黑色硬刺，排列成半圆形，像一个犁头，这是它的主要挖掘工具。在犁头的下面，紧密地排列着许多黑色的小钉子，后背上也有许多坚硬的小钉子。这些小钉子非常有用，在挖掘隧道的时候，可以帮助蛹固定身体。

五月末，蛹的颜色开始改变，这表明它快要变成虻蝇了，它的头和前半部分身体变成了黑色。我迫切地想观看蛹是怎么工作的，于是就把它放在玻璃管里。我看到它用犁头顶住后边的墙壁，身体弯得像一张弓，忽然弹起来，用带钩的颚撞击前面的墙壁，工作一段时间之后，它改变了方法，用头顶的黑刺向前冲击，隧道终于打通了，蛹看到了外面的世界。

蛹没有完全走出去，只有头和胸部露在洞口外面，其余的部分仍然在隧道里。在狭窄的隧道出口处，蛹用背上的刺固定住身体，准备转化成成虫。它的头顶裂开十字形的裂口，一直裂到胸部，然后一点点从壳里爬出来，变成了虻蝇。它用颤动的脚支撑着身体，等翅膀干了就开始飞行，将蜕下的壳扔在隧道口。

虻蝇的寿命很短，只有五六个星期，在这段短暂的时光里，它可以在百里香花下寻找土窝，享受一点生存的快乐。

我们只知道虻蝇的幼虫怎样走出泥水匠蜂的窝，对它进去的路却一无所知，这一疑问同样让我迷惑了25年。

我们知道，虻蝇无法将它的卵放进蜂窝里去，因为蜂窝是关闭的，而且有厚厚的墙，而成年虻蝇没有挖掘隧道的工具。那么初生的幼虫能自己跑进蜂房里去吮吸泥水匠蜂的幼虫吗？也不能，它的身体是光滑的，无法向前移动，除了消化食物外，什么事也干不了。

然而食物就在里面，它必须到达那里，否则只能被饿死。那么，虻蝇究竟如何解决这个问题呢？我决定通过实验找出事实真相，从虻蝇产卵时就对它进行紧密观察。

我的住所附近虻蝇的数量非常少，所以我不得不再次来到卡本托拉司，这是一个美丽而又可爱的小村镇，我20岁时曾在那里居住过一段时间，我第一次做老师的那个老学校依然存在，外观并没有什么变化，仍然像个感化院。在我幼年时，大家都认为小孩子快乐活泼是不好的，所以教育制度非常沉闷和死板。四面墙围起来的那片空地，简直是一个熊坑，孩子们经常在那里做游戏。空地周围是许多像马房的小房间，既没有亮光，也没有流通

阅读理解
蛹开始用带钩的颚撞击前面的墙壁，发现没有效果后，它就改变了方法，突出了蛹的聪明。

阅读理解
虻蝇幼虫无法移动，但它究竟是如何跑进蜂房里去吮吸泥水匠蜂的幼虫的呢？作者在这里写出了读者的疑问，用问句来引起下文，起到承上启下的作用。

的空气，那些就是我们的教室。

我还看到了学校附近的店铺，那时我经常去那里买雪茄烟。我从前的住宅，现在已经住进了僧侣。那时候，房子的窗台上曾经摆放着我们的化学品，这是由家里节省下来的一点钱买的。我的实验，不管是安全的还是危险的，都是在火炉上的一个汤锅边完成的。我多么想重新看到这所房子，我曾在那里演算过数学题。黑板是我的好朋友，那是我每年花五法郎租来的，当时没有买下来，是因为我没有足够的现钱。

好了，我必须把话题放在昆虫上了。我这次到卡本托拉司来，已经很晚了，好季节已经过去了。我只看到几只虻蝇在岩壁上飞，然而我并没有失望，因为这些虻蝇并不是在那里做体操，而是正在建立它们的家族。

我站在岩石脚下，顶着火热的阳光，差不

多有半天的工夫，我一直在观看虻蝇的一举一动，它们在距离地面只有几寸高的斜坡前面盘旋，从这个蜂窝飞到那个蜂窝，始终没有进去的意思。它们的目的不是不容易达到的，因为隧道太窄了，它们无法飞进去，所以只好在岩壁上视察，有时飞得很快，有时又飞得很慢。

我目不转睛地盯着它们，忽然发现个别虻蝇飞近岩壁，用身体的尾部去碰碰泥土，这种动作是在瞬间完成的。

我断定虻蝇的动作是在产卵，可是当我慌忙跑过去用显微镜观看时，并没有看见卵。其实是我当时过度疲劳，加上耀眼的阳光，使我不容易看清楚任何东西。后来，我和虻蝇熟悉之后，就不再奇怪当时为什么没有发现卵了，原因很简单，即使在我以后的研究中，如果不过分地注意，也很难发现这种无限小的动物。

虻蝇在泥水匠蜂的洞口产下卵后，没有将它们遮盖起来，那些细小的卵就暴露在炎热的阳光下，至于后来的事情，是幼虫自己去完成的。

第二年，我来到住所附近的乡下继续观察虻蝇。每天早上九点钟，当太阳光变得越来越热的时候，我就跑到野外去，即使被太阳晒得头昏脑胀，只要能够解决困惑我的问题，我就感觉非常值得。差不多有五六个星期，我每天都出现在那些布满岩石的荒地上，那里有我研究所需要的蜂窝。非常奇怪的是，我没有发现一个虻蝇在我面前产卵。只是偶尔看到一个远远地飞过，很快就消失了。想让虻蝇在我面前产卵简直是不可能的。

我找来很多放养的牧童，告诉他们帮我留意虻蝇和它们经常去的蜂窝，结果仍然没有新的发现。八月很快过去了，我的希望破灭了，我们没有看到虻蝇停留在泥水匠蜂的洞穴边。

我很快就有了新的发现，原来虻蝇在地面上飞来飞去的时候，它正以锐利的眼光寻找目标，看到满意的蜂窝就立即飞下去，把卵产在上面，然后以最快的速度飞走了，难怪我和小牧童们都找不到它的卵。

名家点拨

文章结构安排合理，用简短的语句过渡上文引起下文。文中还采用不同的修辞手法，使文章生动而又具体。